5G 新技术丛书

面向后续演进的 5G 无线增强技术

李 军 编著

电子工业出版社

Publishing House of Electronics Industry

北京 · BEIJING

内 容 简 介

本书着重讨论面向后续演进的 5G 无线增强技术,包括 5G 标准化演进、5G 网络架构演进、5G 上行和下行增强技术、5G 室内深度覆盖增强技术、面向垂直行业的 5G 增强技术、5G 无线网络规划技术演进、5G 毫米波技术、5G-Advanced 无线技术演进、5G-Advanced 网络架构和技术演进等研究成果,力求通过新技术、新架构的革新驱动 5G 网络演进,指导后 5G 和 6G 阶段的技术研究方向。

本书内容紧扣实际,深入浅出,适合从事 5G 无线网络技术研究的工程师、通信及电子工程专业的大学生和相关工程技术人员阅读。

图书在版编目(CIP)数据

面向后续演进的 5G 无线增强技术 / 李军编著. —北京:电子工业出版社,2023.10
(5G 新技术丛书)
ISBN 978-7-121-46522-2

Ⅰ.①面… Ⅱ.①李… Ⅲ.①第五代移动通信系统—研究 Ⅳ.①TN929.538

中国国家版本馆 CIP 数据核字(2023)第 195399 号

责任编辑:满美希
印　　刷:北京天宇星印刷厂
装　　订:北京天宇星印刷厂
出版发行:电子工业出版社
　　　　　北京市海淀区万寿路 173 信箱　邮编:100036
开　　本:720×1000　1/16　印张:17　字数:330 千字
版　　次:2023 年 10 月第 1 版
印　　次:2024 年 11 月第 3 次印刷
定　　价:88.00 元

凡所购买电子工业出版社图书有缺损问题,请向购买书店调换。若书店售缺,请与本社发行部联系,联系及邮购电话:(010)88254888,88258888。

质量投诉请发邮件至 zlts@phei.com.cn,盗版侵权举报请发邮件至 dbqq@phei.com.cn。

本书咨询联系方式:manmx@phei.com.cn。

前　言

自 20 世纪 80 年代以来，移动通信经过 40 多年的爆发式增长，已经成为人类生产生活不可或缺的通信方式。移动通信不仅深刻改变了人们的生产生活方式，而且已成为推动国民经济发展、提升社会信息化水平的重要引擎。5G 第一阶段标准已经大规模商用。目前全国已经建成覆盖相对完善、技术先进和品质优良的 5G 网络。5G 的核心目标是服务千行百业。如何深度释放 5G 潜能和真正为垂直行业服务，仍是摆在我们面前非常重要的课题。面对工业互联网等复杂场景所需要的大上行、低时延、高可靠性及高精度定位等方面的需求，5G 无线网络需要持续增强演进，满足更多样、更复杂的全场景物联需求，加速千行百业智能化升级改造。2021 年 4 月，3GPP 在第 46 次项目合作组（PCG）会议上正式将 5G 演进的名称确定为 5G-Advanced，标志着全球 5G 技术和标准发展进入新阶段。5G-Advanced 将为 5G 后续发展定义新的目标和新的能力，应对未来爆炸式的流量增长、海量的设备连接和不断涌现的新业务、新场景。下一阶段，5G 创新课题主要聚焦在行业应用新需求、无线网络演进新技术和新型架构设计等方面，需要产业链各方紧密联合，共同制定全球统一的 5G 演进技术标准，共同打造 5G 演进创新"试验田"，不断增强 5G 网络承载能力，构建 5G 产业生态"新范式"，满足未来"数智化"社会不断发展的需求。

全书共 10 章，从整体上介绍了 5G 无线后续技术演进和增强方案，涵盖 5G 标准化演进、5G 网络架构演进、5G 上行和下行增强技术、5G 室内深度覆盖增强技术、面向垂直行业的 5G 增强技术、5G 无线网络规划技术演进、5G 毫米波技术、5G-Advanced 无线技术演进、5G-Advanced 网络架构和技术演进等内容。

　　本书紧密结合当前 5G 无线网络新技术演进面临的挑战和主流解决方案，根据笔者所在的黄河科技学院研究团队多年来从事大数据分析、计算机网络、移动通信网络规划优化和新技术研究成果积累而成。感谢河南移动公司网优中心的专家们对本书给予的大力支持。特别感谢北京邮电大学的李颉博士、郭达博士，黄河科技学院的付辉老师，诺基亚公司技术专家冯中飞，杭州东信网络技术有限公司技术专家张磊、王海征，他们对本书提出了许多富有建设性的建议。

　　本书立足实用性的原则，兼顾理论技术研究，融入笔者多年来从事移动通信理论、前沿技术研究的理解和体会，对一线工作的 5G 工程师将有所裨益。受限于笔者的时间和水平，书中难免存在错误和瑕疵，希望读者不吝批评指正。

李　军

2023 年 9 月于河南郑州

目　录

第1章

5G 标准化演进

1.1 移动通信系统的发展历程

自 20 世纪 80 年代初期诞生以来,移动通信已经走过了 40 多年,共部署了 5 代系统,大约每 10 年就经历一次标志性技术革新,移动通信系统的发展历程如图 1.1 所示。

图 1.1 移动通信系统的发展历程

第一代移动通信系统(1G)基于频分多址(Frequency Division Multiple Access,FDMA),采用模拟调制和解调技术,实现了语音通信、移动通信从无到有的转变。

第二代移动通信系统(2G)基于时分多址(Time Division Multiple Access,TDMA)和码分多址(Code Division Multiple Access,CDMA),提供数字化的语

音和低速数据业务，2G 完成了从模拟到数字的转变。

第三代移动通信系统（3G）是基于码分多址（CDMA）的宽带多媒体通信系统，支持移动通信系统从以语音为核心业务向以数据为核心业务的演进，完成移动通信从窄带到宽带的转变。3G 标准主要包括 WCDMA、CDMA2000 和 TD-SCDMA。

第四代移动通信系统（4G）的基础版本长期演进（Long Term Evolution，LTE）以正交频分复用（Orthogonal Frequency Division Multiplexing，OFDM）和多入多出（Multiple Input Multiple Output，MIMO）技术为主，通过增加系统带宽和提高频谱利用率，实现上下行速率提升；通过简化系统架构层级降低时延，演进版本 LTE-Advanced（也称 4.5G）做到后向兼容，是真正意义上的 4G 移动通信技术。

第五代移动通信系统（5G）基于 OFDM 和 Massive MIMO 关键技术，首次将业务支撑范围从个人拓展到各行各业，业务场景深度扩展到增强移动宽带（Enhanced Mobile Broadband，eMBB）、超可靠低时延通信（Ultra Reliable Low Latency Communications，uRLLC）和海量机器类通信（Massive Machine Type Communication，mMTC）。5G 面向 2020 年人类社会的通信需求，聚焦高速率、低时延和海量连接的发展目标，系统性能指标设计方面朝着应用场景、业务多样化和差异化方面发展。

5G 技术演进的步伐远未停止，后 5G（Beyond 5G，B5G）不断吸纳毫米波、太赫兹、人工智能、智能超平面、全息通信、算网融合、"空天海地"一体化等新一代关键使能技术和先进架构设计思想，提升网络能力，用来增强覆盖、扩展容量以及支撑垂直行业应用，推动人类进入智能泛在、绿色协同的数字新未来。

通过总结移动通信的技术发展规律，可以概括出以下几个共同点：

（1）业务承载愈加丰富。由语音到数据，由低速到高速数据业务，再到多媒体，从个人到垂直行业，实现上下行速率和容量的全方位提升。

（2）系统的多址方式和双工方式持续变化。

（3）系统带宽设计从窄带到宽带。

（4）频谱效率不断提升。

历代移动通信系统性能对比如表 1.1 所示。5G 技术演进不能按照单一关键技术发展的路径，而是要将多种新技术组合，灵活发散，满足千差万别的业务需求，主要聚焦在以下几个方向：

（1）面向空分复用的 Massive MIMO。利用空间信道的不相关性，提高频谱利用率，成倍增加信道传输容量。

（2）应用高频、超高频的频率资源。目前 5G 的主流频段采用 Sub 6GHz，未来将采用毫米波和太赫兹频段，利用更多频率资源。

（3）面向低时延、高可靠性、大容量的场景。5G 技术从单一规则到多项规则系统演进，满足更多场景需求。

表 1.1　历代移动通信系统性能对比

制式	系统名称	多址方式	系统带宽（Hz）	上行速率（bps）	下行速率（bps）	上行/下行频谱效率（bps/Hz）
1G	—	FDMA	200k	—	—	—
2G	GSM	TDMA FDMA	200k	9.6k	14.4k	0.05/0.07
2G+	GPRS		200k	9.6k	116k	0.05/0.58
2G++	EDGE		200k	384k	384k	1.92/1.92
3G	WCDMA	CDMA FDMA	5M	5.76M	7.2M	1.15/1.44
3G+	HSPA		5M	5.76M	14.4M	1.15/2.88
3G++	HSPA+		5M	5.76M	21.6M	1.15/4.32
4G-	LTE	OFDM	20M	50M	100M	2.5/5
4G	LTE-Advanced	FDMA	20M	500M	1G	5/10
5G	NR	OFDM FDMA	100M	1G	20G	20

从移动网络发展的历程可以看出，影响网络技术更新换代的驱动因素主要包括以下三个方面：

（1）新业务、新应用和新场景带来的新需求：更高用户体验、更低业务时延、更高数据速率、更多用户服务，以及"空天海地"一体化全球无缝覆盖。

（2）现网存在的问题和面临的挑战：5G 网络的大规模部署带来高能耗、高成本、低运维效率等问题，需要思考后 5G 网络时代如何应对这些挑战。

（3）新技术驱动：云计算、大数据及人工智能（Artificial Intelligence，AI）

等新技术的发展，带来了更强的计算能力和更高效的软硬件解决方案。

为了支撑业务场景的变革，5G 在端到端的各个环节进行了网络能力的增强。如图 1.2 所示。

5G业务		• 新空口聚焦eMBB和uRLLC • 满足物联网、辅助驾驶
核心网		• 基于服务化架构 • 控制承载分离 • 基于NFV/SDN平台 • 支持切片，实现灵活部署 • 支持边缘计算的用户面选择
传输网		• 两级前传：1T带宽，10μs时延 • 三层回传：12.8T大容量核心设备，400G中长距离传输 • 超高精度同步：130ns
基站/天线 频谱		• 2.6GHz，100MHz，小区吞吐量3Gbps • 支持CU-DU分离的灵活部署 • 若有更高频段，1000MHz • 10ms快速接入 • 小区吞吐量20Gbps，用户体验速率 • LTE-NR紧耦合协作 100Mbps • 基于流的QoS管理 • 1ms空口时延 • 业务感知智能无线网
终端		• 发射功率 26dBm • 下行速率支持1.3Gbps，上行速率支持175Mbps • 同时支持SA和NSA能力 • 智能机2发4收

图 1.2　端到端 5G 网络能力增强

在 5G 网络发展演进过程中，业务需求直接驱动网络技术和网络能力变革。终端、无线网络、传输网、核心网到业务平台的端到端承载能力逐步增强；反过来，更强的网络能力赋能新业务场景的实现，两者相互促进、相得益彰。

1.2　5G 系统设计需求

1.2.1　5G 愿景

面向 2020 年及未来，移动互联网和移动物联网将成为移动通信发展的主要驱动力。5G 将满足人们在居住、工作、休闲和交通等各种场景的多样化业务需求。

5G 网络和应用将渗透到物联网及各个行业，与工业设施、医疗仪器、交通工具等深度融合，有效满足工业、医疗、交通等垂直行业的多样化业务需求，实现真正的"万物互联"。

5G 将解决多样化应用场景下差异化性能指标带来的挑战。不同应用场景面临的关键性能挑战有所不同，用户体验速率、流量密度、时延、能效和连接数都可能成为不同场景的挑战性指标。从移动互联网和移动物联网应用场景、业务需求及挑战出发，可归纳出连续广域覆盖、热点高容量、低功耗大连接和低时延高可靠性四个 5G 主要技术场景，其关键性能挑战如表 1.2 所示。

表 1.2　5G 主要技术场景与关键性能挑战

场景	关键性能挑战
连续广域覆盖	用户体验速率：100 Mbps
热点高容量	用户体验速率：1 Gbps 峰值速率：10 Gbps 流量密度：10 Tbps/km²
低功耗大连接	连接数密度：10^6 个/km² 超低功耗、超低成本
低时延高可靠性	空口时延：1ms 端到端时延：毫秒量级 可靠度：接近 100%

1.2.2　5G 典型应用场景

目前国际电信联盟（International Telecommunications Union，ITU）归纳定义 5G 系统的三类典型应用场景：eMBB、uRLLC 和 mMTC，如图 1.3 所示。其中 eMBB 对应高速率、大容量移动宽带业务，如虚拟现实/增强现实（VR/AR）、裸眼 3D、超高清视频等；uRLLC 对应低时延、高可靠性连接，如自动驾驶、移动医疗等；mMTC 对应低功耗、大连接的物联网业务。增强移动宽带进一步可以细分成两个子场景，即连续广域覆盖和热点高容量，前者看似是网络部署的基本功能，后者本身似乎也是一种传统的应用场景，但是根据前面的示例，在这两类子场景中，系统都将会面临更加极端的连接数、流量以及业务质量一致性压力。在另外两类场景中，低功耗大连接主要针对物联网应用，而低时延高可靠性则主要针对工业控制和车联网等应用。

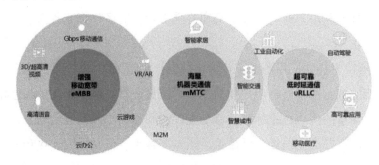

图 1.3   5G 典型应用场景

1.2.3   5G 关键能力需求指标

ITU 从技术的角度总结了 5G 关键能力需求指标，如图 1.4 所示。

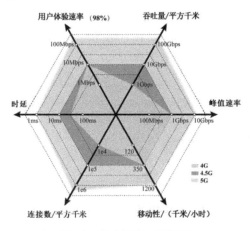

图 1.4   5G 关键能力需求指标

（1）支持 1000 倍的流量增长，单位面积吞吐量显著提升。

（2）支持 100 倍的连接数。未来 5G 网络用户范畴极大扩展，随着物联网的快速发展，要求单位覆盖面积内支持的连接数极大增长，在一些场景下通过 5G 移动网络连接的器件数目达到 100 万/平方千米，相对 4G 增长 100 倍。

（3）支持 10Gbps 峰值速率。根据历代移动通信系统发展规律，5G 网络同样需要 10 倍于 4G 网络的峰值速率，即达到 10Gbps 量级。在一些特殊场景下，用户可能存在单链路 10Gbps 峰值速率的需求。

（4）支持 10～100Mbps 的用户体验速率。5G 网络需要保证在绝大多数的条件下（如 98%以上概率），任何用户都能够获得 10Mbps 及以上速率体验。对于有特殊需求的用户和一些特殊业务，5G 系统需要提供高达 100Mbps 的业务速率保障，以满足部分特殊高优先级业务（如急救车内高清医疗图像传输服务）的需求。

（5）更低的时延和更高的可靠性。5G 网络需要为用户提供随时在线的体验，并满足如工业控制、紧急通信等更多高价值场景需求。一方面要求进一步降低用户面时延和控制面时延（达到 4G 时延的五分之一到十分之一），达到人类反应的时间极限，如 5 ms（触觉反应），并提供真正的随时在线体验。另一方面，一些关系人的生命和重大财产安全的业务，要求端到端可靠度提升到 99.99%。

（6）更高的频谱效率。针对先进国际移动通信（International Mobile Telecommunications-Advanced，IMT-Advanced）技术规范，ITU 的需求是在室外场景下平均频谱效率最低能达到 2～3bps/Hz。通过引入多点协作（Coordinated Multiple Points，CoMP）等先进特性，IMT-Advanced 可进一步提升系统的频谱效率。通过演进及革命性技术的应用，5G 的平均频谱效率相对于 4G 需要提升 3 倍，解决流量爆炸性增长带来的频谱资源短缺问题。

（7）支持更高的能量效率，网络综合能量效率提升 100 倍。

绿色低碳是未来技术发展的重要需求，端到端的节能设计使网络综合能量效率提升 100 倍，即达到 100 倍流量提升的效果但能耗与现有网络相当的水平。

IMT-2020 的 5G 技术指标量化目标如图 1.5 所示。

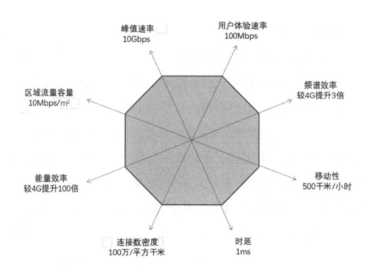

图 1.5　IMT-2020 的 5G 技术指标量化目标

相比于 ITU 总结的 5G 关键能力需求指标，我国的表达方式显得更加雅致一些。如图 1.6 所示，我国 IMT-2020 推进组提出了描述 5G 关键能力指标的 "5G 之花"。鲜花的 6 个花瓣代表 6 种关键性能，3 片绿叶表征 3 种效率指标。需要说明的是，在 "5G 之花" 的 9 项指标中有 8 项指标被 ITU 采纳，其中成本效率指标因为在实际应用中难以衡量，最终该项指标并没有被 ITU 采纳。

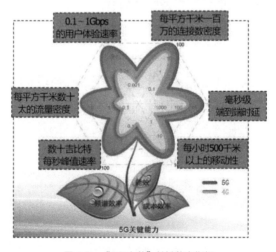

图 1.6　"5G 之花" 关键能力指标

针对 5G 愿景和应用场景，我国认为 5G 移动宽带系统将成为面向 2020 年以后人类信息社会需求的无线移动通信系统，它是一个多业务、多技术融合的网络系统，通过技术的演进和创新，满足未来包含广泛数据和连接的各种业务的快速发展需要，提升用户体验。"5G 之花"设计理念的提出，旨在应对 2020 年后多样化、差异化业务的巨大挑战，满足超高速率、超低时延、高速移动、高能效和超高流量与连接数密度等多维能力指标。

1.2.4　5G 关键技术需求

（1）5G 关键技术需求。从 5G 三大应用场景分析 5G 关键技术需求：eMBB 场景的技术需求包括支持更高带宽、适应各种频谱类型、Massive MIMO、支持毫米波、改进网络/信令效率、更好地支持家庭网络与多播/灵活的载波链路聚合等；uRLLC 场景的技术需求包括支持超低时延、优化的物理层/导频/混合自动请求重发（Hybrid Auto Repeat Request，HARQ）、高效复用、冗余链接、免调度传输等；mMTC 场景的技术需求包括支持低复杂度、窄带宽实现、低能量波形、优化链路预算、降低开销、管理多跳网等。

（2）5G 关键使能技术。面对多样化场景的极端差异化性能需求，5G 很难像以往一样以某种单一技术为基础，形成针对所有场景的解决方案。5G 技术创新主要来自无线技术和网络技术两方面。在无线技术领域，5G 采用的大规模天线阵列、超密集组网、新型多址和全频谱接入等技术已成为业界关注的焦点；在网络技术领域，5G 基于软件定义网络（Software Defined Network，SDN）和网络功能虚拟化（Network Functions Virtualization，NFV）的新型网络架构已取得广泛共识。未来的 5G 网络将是基于 SDN、NFV 和云计算技术的更加灵活、智能、高效、开放的网络系统。5G 网络架构包括接入云、控制云和转发云三个域。基于"三朵云"的新型 5G 网络架构是移动网络未来的发展方向。

（3）5G 概念。5G 关键能力比前几代移动通信系统更加丰富，用户体验速率、连接数密度、端到端时延、峰值速率和移动性等都将成为 5G 的关键性能指标。然而，与以往只强调峰值速率的情况不同，业界普遍认为用户体验速率是 5G 最重要的性能指标，它真正体现了用户可获得的真实数据速率，也是与用户感受最密切的性能指标。基于 5G 主要场景的技术需求，5G 用户体验速率应达到 Gbps量级。当前无线技术创新也呈现多元化发展趋势，除了新型多址技术，大规模天线阵列、超密集组网、全频谱接入、新型网络架构等也被认为是 5G 主要技术方向，均能够在 5G 主要技术场景中发挥关键作用。

综合 5G 关键能力与核心技术，5G 概念可由标志性能力指标和一组关键技术来共同定义，如图 1.7 所示，标志性能力指标为"Gbps 级用户体验速率"，一组关键技术包括大规模天线阵列、超密集组网、新型多址、全频谱接入和新型网络架构。

图 1.7　5G 概念

（4）5G 技术路线。从技术特征、标准演进和产业发展的角度分析，5G 存在新空口和 4G 演进两条技术路线。其中，新空口路线主要面向新场景和新频段进行全新的空口设计，不考虑与 4G 框架的兼容，通过新的技术方案设计和引入创新技术来满足 4G 演进路线无法满足的业务需求及挑战，特别是各种物联网场景及高频段需求。

5G 技术演进路线如图 1.8 所示。

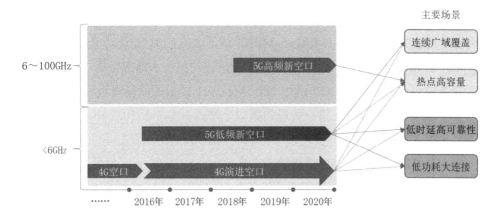

图 1.8　5G 技术演进路线

　　面向未来的移动互联网和移动物联网业务需求，5G 将重点支持连续广域覆盖、热点高容量、低功耗大连接和低时延高可靠性四个主要技术场景，将采用大规模天线阵列、超密集组网、新型多址、全频谱接入和新型网络架构等核心技术，通过新空口和 4G 演进两条技术路线，实现 Gbps 级用户体验速率，并保证在多种场景下的一致性服务。

　　在 4G 演进路线方面，通过在现有 4G 框架基础上引入增强型新技术，在保证兼容性的同时实现现有系统性能的进一步提升，在一定程度上满足 5G 场景与业务需求。此外，无线局域网（Wireless Local Area Network，WLAN）已成为移动通信的重要补充，主要在热点地区提供数据分流服务。

　　在新空口技术突破方面，5G 将采用新型网络架构、分布接入和集中计算、新空口传输技术［非正交非同步多址、轨道角动量（Orbital Angular Momentum，OAM）、同频同时双工］、LTE-Hi 小区持续增强、边缘性能增强和用户体验提升、三维波束赋形等先进技术。

1.3　5G 标准化和试验总体规划

　　3GPP 5G 标准化工作可分两个阶段完成。

（1）2016 年 3GPP 启动对 5G 需求和技术方案的研究工作。2017 年 R15 作为 5G 标准第一阶段的基础版本，主要聚焦 eMBB，满足市场上迫切的移动宽带商用需求。

（2）2018 年启动 R16 作为 5G 标准第一阶段的第一个增强版本，在 2020 年 7 月底冻结，升级增强 uRLLC，满足 ITU IMT-2020 提出的赋能垂直行业的要求。

（3）R17 是 5G 标准化第一阶段的第二个增强版本，于 2022 年 6 月完成标准冻结，多项功能持续扩展，更好地支撑物联网应用。

（4）从 R18 开始进入 5G 演进阶段（第二阶段），3GPP 正式命名 5G-Advanced（简称 5G-A），逐步迈向未来 6G 应用。

目前，5G 标准已完成第一阶段内容。从构建 5G 基础架构的基础版本 R15，到逐步完善 eMBB、uRLLC、mMTC 三大能力并扩展垂直行业的 R16，再到广泛提升行业能力和覆盖能力的 R17，三个版本均为 5G 发展提供了有力的标准支撑。5G-Advanced 被认为是从 5G 向 6G 演进的中间阶段，作为承上启下的标准，将为 5G 发展定义新目标和新能力，在技术和应用方面的探索将对 6G 的发展产生重要影响。

3GPP 在 2018 年 6 月完成 R15 独立组网版本的标准化，形成标准化方案。我国根据国内 5G 商用部署节奏，于 2017 年启动 5G 外场试验，2018 年启动 5G 网络预商用试验，2019 年进行商用化规模试验，2020 年实现 5G 网络规模商用。结合 4G 发展经验，我国经过技术和产品验证、规模试验，为全球提供了 5G 大规模商用部署经验。5G 标准化和试验总体规划如图 1.9 所示。

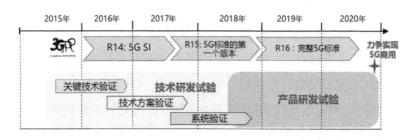

图 1.9　5G 标准化和试验总体规划

基于 R15 基础版本，我国的 5G 试验分两步实施：

（1）技术研发试验（2015 年—2018 年）：由中国信息通信研究院牵头组织，运营企业、设备制造企业及科研机构共同参与。

（2）产品研发试验（2018 年—2020 年）：由国内运营企业牵头组织，设备制造企业及科研机构共同参与。

技术研发试验主要分为三个阶段：

（1）关键技术验证阶段（ 2015 年 9 月—2016 年 9 月）：进行单点关键技术样机性能测试。

（2）技术方案验证阶段（ 2016 年 6 月—2017 年 9 月）：融合多种关键技术，开展单基站性能测试。

（3）系统验证阶段（2017 年 6 月—2018 年 10 月）：进行 5G 系统的组网技术性能测试、5G 典型业务演示、5G 核心技术研发，验证 5G 技术方案设计，支撑国际标准制定，共同促进全球统一的 5G 国际标准形成。

1.4　5G 标准化演进历程

5G 标准的制定不是一蹴而就的，而是一个不断发展和完善的过程。在 5G 标准发展的第一个阶段 R15 基础版本中，主要聚焦个人业务和部分垂直行业应用需求，以及 5G 标准架构的搭建，覆盖了低时延、高速率、广覆盖、高速移动、大连接等场景的 5G 初级部署要求。

R15 基础版本的主要内容如下：

（1）构筑 NR 技术框架。

- 新波形；
- 帧结构；
- 编码、调制和信道信号；
- Massive MIMO；
- 灵活双工。

（2）提出基本网络架构。

- 上下行解耦；

- CU-DU 分离；
- NSA/SA 行业基础设计；
- uRLLC。

3GPP 第一阶段增强版本项目内容如图 1.10 所示。在 R15 版本的基础上，R16 进一步提升了 5G 能力，拓展了网络增强功能，R16 主要包含三方面内容：增强网络性能和技术竞争力；为用户带来更优质的业务体验；支持更广阔的垂直行业应用。R16 还引入了很多支持毫米波的 5G NR 增强特性，如集成接入及回传（Integrated Access Backhaul，IAB）、增强型波束管理、双连接优化等。

R17 作为 5G 标准化的第二个演进版本，标准化的内容重点关注优化的网络覆盖和波束管理、拓展频谱支持、增强定位技术等功能增强。我国以 SA 标准演进为目标，在 R17 标准化工作中牵头了超级上行增强、网络覆盖提升、非公共网络组网、多频段高功率终端、系统干扰消除等项目，旨在不断提升 SA 覆盖和容量性能，以及扩展对垂直行业的支持。

图 1.10　3GPP 第一阶段增强版本项目内容

在 5G 后续技术标准化演进方面，面对终端连接数、流量及业务等多方面的严苛需求和复杂多样的部署场景，目前没有哪一种单一的物理层新技术能够满足所有技术指标要求。5G 后续标准化技术演进如图 1.11 所示，5G 增强演进最有潜力的标准化技术包括大规模 MIMO、超密集组网、D2D、更高频段频谱和授权共享接入，其核心主要集中在频率资源层面，通过向高频段扩展，占据更多资源。
通过大规模天线、非正交多址和超密集组网，更高效地利用资源。

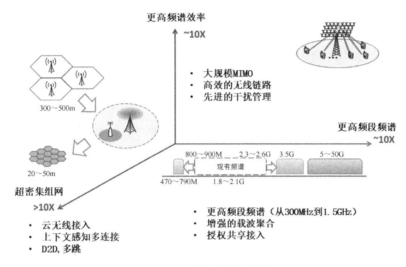

图 1.11　5G 后续标准化技术演进

1.5　5G-Advanced 标准进展

按照 3GPP 的工作计划，5G-Advanced 将从 R18 开始进入 5G 演进阶段，作为 5G
承上启下的演进版本，无论是在标准演进方面还是在商用网络运营方面均对
5G-Advanced 提出了新的应用场景需求和技术演进要求。未来 5G 网络将更深入地应
用在生活、社会和工业的方方面面。在提升宽带业务支持能力、提高网络运营效率、
扩展新用例、推进网络智能化等方面提供支持。在需求方面，5G-Advanced 演进要兼
顾现有网络的设计和未来网络的演进；在应用方面，5G-Advanced 演进要兼顾现有网
络的应用需求和对新兴业务的支持；在演进的实体方面，5G-Advanced 要兼顾网络演
进与终端演进。R18 将以"现有标准技术与行业需求的差距"、"现有标准技术在实际
部署时的痛点"和"未来十年对无线通信的需求和期待"等问题为导向，积极探索
新技术、新方案，努力绘制 5G-Advanced 标准演进的蓝图。

2021 年 3GPP 启动了 5G-Advanced 标准化工作，并已完成 41 个 R18 立项课

题。按照 3GPP 后续工作计划，R18 版本将在 2023 年底冻结第三阶段，或于 2024
年开始商用部署。2021 年 12 月，3GPP 在首批 27 个 R18 项目中优选 8 个特色项
目作为主要标准化内容进行研究，包括 NR 双工演进、上行/下行 MIMO 演进、人
工智能和机器学习增强空口能力、NR 非地面网络增强、NR 智能直放站、NR 和
EN-DC 中的 SON/MDT 数据采集增强、降低 NR Redcap 终端的复杂度和成本、直
连链路通信增强等，如表 1.3 所示。

表 1.3　5G-Advanced R18 立项项目

序号	R18 立项	主要研究内容
1	NR 双工演进 （Evolution of NR Duplex Operation）	在时分双工（Time Division Duplexing，TDD）频段通过频分复用的上行、下行资源，在同时隙上下行双工传输，规避交叉链路干扰问题。降低无线侧空口时延，为 5G 演进和 6G 的同时同频全双工技术研究奠定基础
2	上行/下行 MIMO 演进 （MIMO Evolution for Downlink and Uplink）	提升基站间相干联合传输场景的下行频谱效率，提升更多天线终端及多天线面板终端的上行传输性能
3	人工智能和机器学习增强空口能力 （AI/ML for NR Air Interface ）	充分挖掘机器学习预测能力，探索 AI 在物理层的应用，例如：信道状态信息反馈增强、定位精度增强、波束增强等，研究空口 AI 的统一架构，数据集及仿真评估方法等
4	NR 非地面网络增强 （NR NTN Enhancements）	利用卫星的广覆盖特性辅助地面通信，在 R17 基础上进一步研究非地面网络（Non Terrestrial Network，NTN）系统内和 NTN-TN 系统间移动性和业务连续性增强及高频段部署等问题
5	NR 智能直放站 （NR Smart Repeaters）	与普通直放站相比，智能直放站具有更精确的波束赋形能力、更优的干扰管理机制、更低的部署成本
6	NR 和 EN-DC 中的 SON/MOT 数据采集增强 （Further Enhancement of Data Collection for SON/MDT in NR and EN-DC）	网络自动驾驶，聚焦移动稳健性优化等性能提升，降低运维成本
7	降低 NR Redcap 终端的复杂度和成本 （Further NR Redcap UE Complexity/Cost Reduction）	为了更好地支持工业互联网、视频监控、可穿戴设备等新的应用场景，NR 需要进一步支持低能力终端的终端类型，在 R17 技术的基础上进一步降低终端复杂度、成本和能耗，赋能万物互联
8	直连链路通信增强 （NR Sidelink Evolution）	支持新频段、多载波聚合、多天线增强以满足 AR/VR、实时视频等高速率需求，针对车联网（Vehicle to Everything，V2X）专用频谱受限的区域，研究 LTE-V 信道共存等

1.6　本章小结

　　本章围绕 5G 移动通信系统标准化的历程开展讨论，主要内容涉及 5G 愿景、网络能力需求、应用场景、关键使能技术、技术路线和标准化未来演进方向。在新需求、新场景和新算力的驱动下，5G 标准和网络能力不断增强、演进和扩展延伸。作为 2030 年前最主要的移动通信技术，5G 标准和技术演进增强永远在路上，并将迸发出更强大的生命力，支撑人类社会进入万物互联的新时代。

第 2 章

5G 网络架构演进

随着 5G 大规模部署的全面展开，产业界针对 5G 应用场景达成基本共识：面向增强的移动互联网场景，5G 提供具备更高体验速率和更大带宽的接入能力，支持体验更加鲜活的多媒体内容；面向物联网设备互联场景，5G 支持大规模、低成本、低能耗 IoT 设备的高效接入和管理；面向工业互联网、车联网、智慧电网等垂直行业应用场景。5G 提供低时延和高可靠性的信息交互能力，支持互联实体间高度实时、高度精密和高度安全的业务协作。面对 5G 极致的体验、效率和性能要求，以及"万物互联"的愿景，网络将面临全新的挑战与机遇。

为了应对各类移动互联网和移动物联网应用场景的差异化性能需求，5G 网络架构需要进行端到端的统一设计，达到有效支撑工业、交通、医疗等垂直行业应用的目标。一方面，5G 网络架构设计将遵循网络业务融合和按需服务的核心理念，引入更丰富的无线接入网拓扑，提供更灵活的无线控制、业务感知和协议栈定制能力；另一方面，5G 需要重构网络控制和转发机制，改变单一"管道"和固化的服务模式；此外，网络架构需要为不同用户和垂直行业提供高度可定制化的网络服务，构建资源共享、功能易编排和业务紧耦合的综合信息化服务使能平台。

2.1 5G 网络架构设计

5G 将推动移动通信技术产业的重大飞跃，带动芯片、软件等快速发展，并将与工业、交通、医疗等行业深度融合，催生工业互联网、车联网等新业态。

2.1.1　系统设计和组网设计

5G 网络架构设计包括系统设计和组网设计两方面。系统设计重点考虑逻辑功能的实现及不同功能之间的信息交互过程，构建功能平面划分更合理和统一的端到端网络逻辑架构。组网设计聚焦设备平台和网络部署的实现方案，以充分发挥基于 SDN/NFV 技术的新型基础设施平台在组网灵活性和安全性的潜力。

（1）5G 网络逻辑架构。

为了满足业务与运营需求，5G 接入网与核心网功能需要进一步增强，使得两者的逻辑功能界面更清晰，部署方式更加灵活，甚至可以融合部署。5G 接入网是一个满足多场景的、以用户为中心的多层异构网络。宏站和微站相互协同容纳多种空口接入技术，提升小区边缘协同处理效率，提高无线和回传资源利用率。5G 无线接入网由孤立地接入"盲"管道转向支持多接入和多连接、分布式和集中式、自回传和自组织的复杂网络拓扑，并且具备无线资源智能化管控和共享能力，支持基站的即插即用。5G 核心网支持低时延、大容量和高速率的各种业务，针对差异化的业务需求实现高效的按需编排功能。核心网转发平面进一步简化下沉，同时将业务存储和计算能力从网络中心下移到网络边缘，以支持高流量和低时延的业务要求，以及灵活均衡的流量负载调度功能。

如图 2.1 所示，5G 网络逻辑架构包含接入平面、控制平面和转发平面三个功能平面。控制平面主要负责全局控制策略的生成，接入平面和转发平面主要负责策略执行。

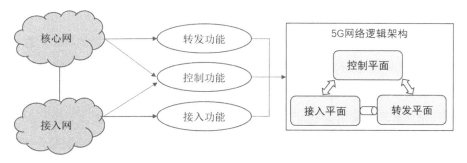

图 2.1　5G 网络逻辑架构

接入平面：包含各种类型基站和无线接入设备。基站间交互能力强，组网拓扑形式丰富，能够实现快速、灵活的无线接入协同控制和更高的无线资源利用率。

控制平面：通过网络功能重构，实现集中的控制功能和简化的控制流程、控制接入和转发资源的全局调度。面向差异化业务需求，通过按需编排的网络功能，提供可定制的网络资源，以及友好的能力开放平台。

转发平面：包含用户面下沉的分布式网关，集成边缘内容缓存和业务流加速等功能，在集中的控制平面的统一控制下，数据转发效率和灵活性得到极大提升。

总之，在整体逻辑架构基础上，5G 网络采用模块化功能设计模式，并通过"功能组件"的组合，构建满足不同应用场景需求的专用逻辑网络。5G 网络以控制功能为核心，以网络接入和转发功能为基础资源，向上提供资源管理编排和网络能力开放服务，形成三层网络功能视图。

（2）5G 网络平台视图。

5G 网络平台将更多地选择基于通用硬件架构的数据中心，支持 5G 网络高性能转发和电信级管理要求，并以网络切片为实例，实现移动网络的定制化部署。实现 5G 新型设施平台的基础是网络功能虚拟化（NFV）和软件定义网络（SDN）技术。NFV 技术通过软件与硬件的分离，为 5G 网络提供更具弹性的基础设施平台，网络功能模块通过组合实现控制面功能的组件重构。NFV 使网元功能与物理实体解耦，采用通用硬件取代专用硬件，可以方便快捷地把网元功能部署在网络中的任意位置，同时对通用硬件资源实现按需分配和动态伸缩，以达到最优的资源利用率。SDN 技术实现控制功能和转发功能的分离。控制功能的抽离和聚合，有利于通过网络控制平面从全局视角来感知和调度网络资源，实现网络连接的可编程。

通过引入 SDN/NFV 技术，5G 网络硬件平台支持虚拟化资源的动态配置和高效调度。在广域网层面，NFV 编排器实现跨数据中心的功能部署和资源调度，SDN 控制器负责不同层级数据中心之间的广域互联。城域网以下可部署单个数据中心，实现软硬件解耦，利用 SDN 控制器实现数据中心的资源调度。

5G 网络平台视图如图 2.2 所示，可以看出 SDN/NFV 技术融合将提升 5G 组网能力。NFV 技术实现从底层物理资源到虚拟化资源的映射，构造虚拟机（Virtual

Machine，VM），加载虚拟化网络功能（Virtual Network Function，VNF），虚拟化系统实现对虚拟化基础设施平台的统一管理和资源的动态重配置。SDN 技术则实现虚拟机间的逻辑连接，构建承载信令和数据流通路，最终实现接入网和核心网功能单元动态连接，配置端到端的业务链，实现灵活组网。5G 组网功能可以划分为四个层级：中心级、汇聚级、区域级和接入级。

借助于模块化的功能设计和高效的 NFV/SDN 平台，在 5G 组网实现中，根据运营商的组网规划、业务需求、流量优化、用户体验和传输成本等因素综合考虑，对不同层级的功能加以灵活整合，实现多数据中心和跨地理区域的功能部署。

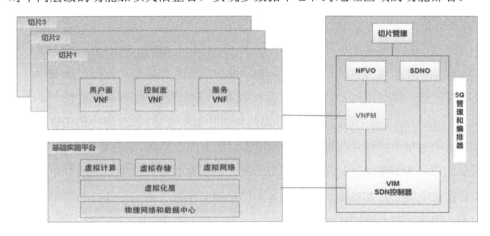

图 2.2　5G 网络平台视图

2.1.2　基于网络的切片架构

（1）网络切片定义及切片特征。

网络切片作为代表性网络服务能力之一，更贴近用户需求，具有提供定制化业务的能力。网络切片是网络功能虚拟化应用于 5G 阶段的关键特征。网络切片架构如图 2.3 所示，一个网络切片将构成一个端到端的逻辑网络，按网络切片需求方的需求灵活地提供一种或多种网络服务。网络切片架构主要包括切片管理和切片选择两项功能。

切片管理功能包含三个阶段：

① 商务设计阶段，网络切片需求方利用切片管理功能提供的模板和编辑工具，设置切片相关参数，包括网络拓扑、功能组件、交互协议、性能指标和硬件要求等。

② 实例编排阶段，切片管理功能将切片描述文件发送到 NFV 的管理与编排（Management and Orchestration，MANO）功能，实现切片的实例化。通过与切片之间的接口下发网元功能配置，发起连通性测试，最终完成从切片向运行态的迁移。

③ 运行管理阶段，在运行态下，切片所有者可通过切片管理功能进行实时监控和动态维护，包括资源的动态伸缩，切片功能的增加、删除和更新，以及告警故障处理等。

作为核心功能之一，切片选择功能用来实现用户终端与网络切片间的接入映射。切片选择功能综合考虑业务签约和功能特性等多种因素，为用户终端提供合适的切片接入选择。用户终端既可以分别接入不同切片，也可以同时接入多个切片。用户同时接入多个切片的场景分为两种切片架构变体：独立架构和共享架构。独立架构是指不同切片在逻辑资源和逻辑功能上完全隔离，只在物理资源上共享，每个切片包含完整的控制面和用户面功能，如独立切片中提供不同的专用功能，各自逻辑上独立；共享架构是指在多个切片间共享部分网络功能，如专用功能 1 被共享切片 1 和共享切片 2 所共享。

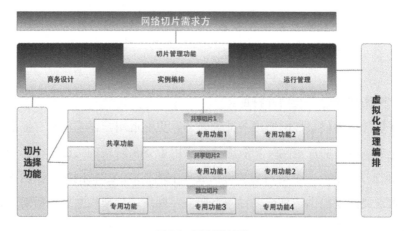

图 2.3   网络切片架构

图 2.4 所示为 5G 核心网的网络切片示意图,在通过切片化管理进行业务细分后,5G 核心网可以提供按需定制的网络能力。逻辑隔离的网络切片能为不同应用场景提供具备差异化服务等级协定(Service Level Agreement,SLA)保障的连接服务,从而在同一套物理设施上支持多种垂直行业应用。网络切片的特征包括:

① 资源共享:通过同一套物理设施实现多种网络服务,降低运营商的建网成本。

② 逻辑隔离:支持多级隔离与安全,具备独立的全生命周期管理能力。

③ 敏捷部署:面向服务、按需定制、实时监控、动态调度,提供有保障的 SLA 服务。

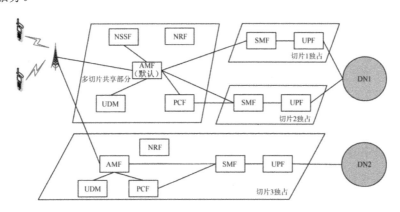

图 2.4　5G 核心网的网络切片示意图

(2)5G 网络切片系统架构部署。

网络切片是为特定的业务目标或客户服务的逻辑网络,由配置在一起的所有必需网络资源组成,它是由管理功能创建、更改和删除的。网络切片将运营商的物理网络划分为多个逻辑网络,允许实现针对每个分切片客户的需求而量身定制功能和网络操作。

如图 2.5 所示,5G 网络切片系统架构部署由三部分组成:用户设备(User Equipment,UE)、网络切片客户服务平台和运营商承载网络。后者包括无线接入网(Radio Access Network,RAN)、传输网络和核心网(Core Network,CN)中的网络切片,提供必要的 QoS 保障。"网络切片实例管理"提供了 3GPP TS 28.530

中定义的网络切片实例的生命周期管理。"网络切片服务操作"的主要功能包括网络切片发布、订阅、计费和网络成员管理等。

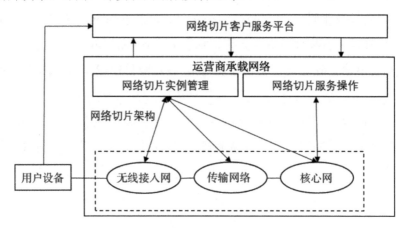

图 2.5   5G 网络切片系统架构部署

（3）按需定制的组网架构。

多样化的业务场景对 5G 网络提出了多样化的性能和功能需求。5G 核心网具备向不同业务场景适配的能力，可针对每种 5G 业务场景提供网络控制功能和性能保证，实现按需组网的目标。网络切片是按需组网的一种实现方式。利用虚拟化技术，将 5G 网络物理基础设施资源根据场景需求虚拟化为多个相互独立的平行虚拟网络切片。每个网络切片按照业务场景的需求和话务模型进行网络功能的定制和网络资源的编排管理。

按需定制的组网架构如图 2.6 所示，基于网络切片技术所实现的按需组网，改变了传统网络规划、部署和运维模式，对网络发展规划和运维提出了新的技术要求。按需定制的组网技术具有以下优势：

① 根据业务场景需求对所需的网络功能进行定制剪裁和灵活组网，实现业务流程和数据路由最优化。

② 根据业务模型对网络资源进行动态分配和调整，提高网络资源利用率。

③ 隔离不同业务场景所需的网络资源，提供网络资源保障，提升整体网络稳健性和可靠性。

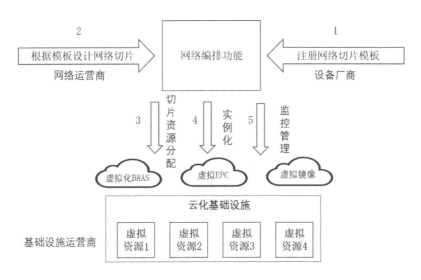

图 2.6　按需定制的组网架构

2.1.3　5G MEC 网络架构

移动边缘计算（Mobile Edge Computing，MEC）是 5G 代表性能力，它改变 4G 系统中网络与业务分离状态，将业务平台下沉到网络边缘，为移动用户就近提供业务计算和数据缓存能力，实现网络从接入管道向信息化服务使能平台的关键跨越。5G 移动边缘计算通过在接入网边缘节点部署 MEC 平台，为用户提供边缘计算能力，可显著降低数据转发时延，提升用户体验。

5G MEC 是一种可提供业务能力，满足运维需求和保障网络安全的系统性解决方案。5G MEC 网络架构如图 2.7 所示。5G MEC 中的分流和策略功能的实现要立足于 5G 核心网架构中的会话管理功能（Session Management Function，SMF）、用户面管理功能（User Plane Function，UPF）和策略控制功能（Policy Control Function，PCF）。在 MEC 的整体解决方案中，基于 UPF 和 SMF 可以实现业务计费；基于边缘 UPF 可以支持合法监听功能；基于网络能力感知、北向标准接口及网络能力开放功能（Network Exposure Function，NEF）可以提供网络能力开放。

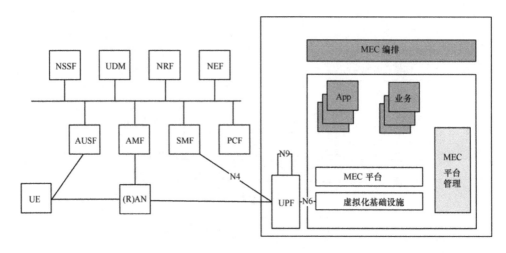

图 2.7　5G MEC 网络架构

注：图中英文缩写对应的中文名称参见本书缩略语表。

在 MEC 实际部署中，基于用户设备的订阅数据、位置、应用功能（Application Function，AF）信息及策略或其他相关业务规则，5G 核心网选择一个靠近用户设备的 UPF，通过 N6 接口执行从 UPF 到本地数据网络的流量控制。5G 系统中的边缘计算使运营商和第三方服务可以托管在用户设备的接入点附近，从而通过降低端到端时延和减小传输网络上的负载来实现高效的服务交付。

5G 网络中的边缘计算可能具有多个部署选项。在许多垂直行业需要超低时延、超大带宽和高度自动化节点管理的情况下，边缘计算平台部署将与 UPF 并置。在其他情况下，边缘计算功能和 UPF 可能是松散耦合设置。移动边缘计算功能部署方式非常灵活，可以选择集中部署，与用户面设备耦合，提供增强型网关功能；也可以选择分布式部署在不同位置，通过调度实现服务能力。

5G MEC 网络架构中的核心功能演进方向如下：

（1）MEC 可以与网关功能联合部署，为本地化、低时延和大带宽要求的业务和内容提供优化的服务运行环境。

（2）MEC 执行动态业务链功能，并不限于简单的就近缓存和业务服务器下沉。随着计算节点和转发节点的融合，在控制面的集中调度下，MEC 实现业务数据流在不同应用间的路由控制。

（3）MEC 可以和移动性管理、会话管理等控制功能结合，执行控制平面辅助功能，进一步优化服务能力。

2.2　5G 核心网架构设计

相比于 2G/3G/4G 系统，5G 的核心网架构设计理念被彻底改变。5G 网络架构设计遵循以下 4 个原则：

（1）灵活：满足不同业务要求（超高可靠性、超低时延）、以用户为中心的组网（个人、企业、M2M），快速功能引入。

（2）高效：更低的数据传输成本，易于扩展；简化状态和信令。

（3）智能：资源自动分配和调整，网络自配置、自优化。

（4）开放：网元突破软硬件耦合的限制，网络能力向第三方开放，打造新的生态环境。

5G 网络架构还遵循 4 维架构的设计理念：

（1）转发分离化（Seperated）：基站的 C/U 分离、网关的控制转发分离。

（2）网络虚拟化（Virtualized）：小区逻辑虚拟化、网元功能虚拟化。

（3）功能模块化（Modularized）：网元功能原子化/模块化，按需组合。

（4）部署分布化（Distributed）：支持分布式的网元部署，内容分布更靠近用户。

2.2.1　5G 基于服务的架构

2018 年，我国提出了基于服务的架构（Service Based Architecture，SBA）概念，将网络功能定义为多个相对独立、可被灵活调用的服务模块。5G 网络采用开放的服务化架构，网络功能以服务的方式呈现，任何其他网络功能或者业务应用都可以通过标准规范的接口访问该网络功能提供的 SBA。

图 2.8 所示为 5G SBA 系统架构参考模型，采用的是基于业务接口的表现形式，图中 NXXX 为基于业务的接口（Serve Based Interface，SBI），全部采用超文本传输协议（Hyper Text Transfer Protocol，HTTP）/传输控制协议（Transmission Control Protocol，TCP）。SBA 中的控制面采用应用程序接口（Application Programming Interface，API）能力开放模式进行信令传输。在传统的信令流程中，很多的消息在不同的流程中都会出现，将相同或相似的消息提取出来，以 API 能力调用的形式封装起来，供其他网元进行访问，SBA 摒弃了建立隧道的模式，倾向于采用 HTTP 完成信令交互的方式。

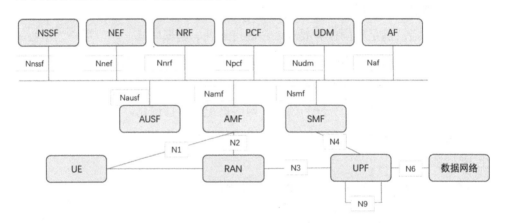

图 2.8 5G SBA 系统架构参考模型

注：图中英文缩写对应的中文名称参见表 2.1。

5G SBA 借鉴信息技术中系统服务化和微服务化架构的成功经验，通过模块化实现网络功能间的解耦合整合，解耦后的网络功能可独立扩容、独立演进、按需部署；控制面所有网络功能实体之间的交互采用服务化接口，同一种服务可以被多种网络功能调用，降低网络功能实体之间接口定义的耦合度，最终实现整网功能的按需定制，灵活支持不同的业务场景和需求。

5G 核心网的主要网元如表 2.1 所示。

表 2.1　5G 核心网的主要网元

5G 网络功能	中文名称	类似的 4G EPC 网元
AMF	接入和移动性管理功能	MME 中 NAS 的接入控制功能
SMF	会话管理功能	MME、SGW-C、PGW-C 的会话管理功能
UPF	用户面管理功能	SGW-U+PGW-U 用户面功能
PCF	策略控制功能	PCRF，策略和计费控制单元
NEF	网络开放功能	SCEF
NRF	网络存储库功能	5G 新增，类似增强 DNS 功能
UDM	统一数据管理	HSS、SPR 等
AUSF	鉴权服务器功能	HSS 中的鉴权功能
NSSF	网络切片选择功能	5G 新增，用于网络切片选择
UDR	统一数据仓库	—
SMSF	短消息服务功能	—

各网元功能描述如下：

（1）AMF（Access and Mobility Management Function，接入和移动性管理功能）实体可以类比于 4G 的移动性管理实体（Mobility Management Entity，MME）。AMF 的主要功能如下：

• RAN 信令接口（N2）的终结点，非接入层（Non-Access-Stratum，NAS）（N1）信令（会话管理消息）的终结点；

• 负责 NAS 消息的加密和完整性保护，负责注册、接入、移动性管理、鉴权、短信等功能；

• 在和 EPS（Evolved Packet System，演进的分组系统）网络交互时负责 EPS 承载识别号的分配。

（2）SMF（Session Management Function，会话管理功能）实体的主要功能如下：

• 非接入层信令会话管理消息的终结点；

• 会话的建立、修改和释放；

• UE IP 地址分配管理；

• 动态主机配置协议（Dynamic Host Configuration Protocol，DHCP）功能；

• 地址解析协议（Address Resolution Protocol，ARP）代理或 IPv6 邻居请

求代理；

- 会话选择和控制 UPF；
- 计费数据的收集及支持计费接口；
- 决定会话及业务连续性模式；
- 下行数据指示。

（3）UPF（User Plane Function，用户面管理功能）实体主要负责数据包的路由转发和服务质量（Quality of Service, QoS）流映射。UPF 的主要功能如下：

- 作为无线接入技术内、无线接入技术间的移动性锚点；
- 外部分组数据单元（Packet Data Unit，PDU）与数据网络互联的会话点；
- 分组路由和转发；
- 数据包检查；
- 用户面部分策略规则的实施；
- 合法拦截；
- 生成流量使用报告；
- 用户面的 QoS 处理；
- 上行链路流量验证；
- 上行链路和下行链路传输分组标记；
- 下行数据包缓冲和下行数据通知触发；
- 将一个或多个"结束标记"发送和转发到源 NG-RAN 节点；

另外，并非所有 UPF 功能都需要在网络切片的用户面功能实例中得到支持。

（4）PCF（Policy Control Function，策略控制功能）实体支持统一的策略框架管理网络行为，向网络实体提供策略规则，访问统一数据仓库（UDR）的订阅信息。

（5）NEF（Network Exposure Function，网络开放功能）实体的主要功能如下：

- 3GPP 的网元都是通过 NEF 将其能力开放给其他网元的；
- 将相关信息存储到 UDR 中，也可以从 UDR 获取相关的信息；
- 提供相应的安全保障来保证外部应用到 3GPP 网络的安全；
- 3GPP 内部和外部相关信息的转换；

- 可以通过访问 UDR 获取到其他网元的相关信息。

（6）NRF（NF Repository Function，网络存储库功能）实体的主要功能如下：

- 支持业务发现功能，也就是接收网元发来的网络功能发现请求，然后提供发现的网元信息回复请求方；
- 维护可用网元实例的特征和其支持的业务能力；
- 一个网元的特征参数主要有网元实例 ID、网元类型、公共陆地移动网（Public Land Mobile Network，PLMN）标识、网络切片标识、网元 IP 或者域名、网元的能力信息、支持的业务能力名等。

（7）UDM（Unified Data Manager，统一数据管理）的主要功能如下：

- 产生 3GPP 鉴权证书或鉴权参数；
- 存储和管理 5G 系统的永久性用户 ID；
- 订阅信息管理；
- SMS 管理；
- 用户的服务网元注册管理（比如当前为终端提供业务的 AMF、SMF 等）。

（8）AUSF（Authentication Server Function，鉴权服务器功能）是鉴权服务器网元，支持 3GPP 接入鉴权和非 3GPP 接入鉴权。

（9）NSSF（Network Slice Selection Function，网络切片选择功能）是 SDN/NFV 技术应用于 5G 网络的关键服务。5G 通过 NSSF 为 UE 选择提供服务的网络切片实例集，将一个物理网络切分为多个逻辑网络，实现一网多用，并为用户提供个性化的网络服务。

（10）UDR（Unified Data Repository，统一数据仓库）的主要功能如下：

- 通过 UDM 存储订阅数据或读取订阅数据；
- 通过 PCF 存储策略数据或者读取策略数据；
- 存储公开的数据或者从中读取公开的数据。

（11）短消息服务功能（SMS Function，SMSF）。

2.2.2　5G 核心网架构特征

5G 核心网架构基于 NFV 和 SDN 等新技术，控制面网元之间使用服务化的接口进行交互，为用户提供数据连接和数据业务服务。5G 核心网系统架构的主要特征如下：

（1）承载和控制分离：承载和控制可独立扩展和演进，可集中式或分布式灵活部署。

（2）模块化功能设计：可以灵活和高效地进行网络切片。

（3）网元交互流程服务化：按需调用，并且服务可重复使用。

（4）每个网元既可以与其他网元直接交互，也可通过中间网元辅助进行控制面的消息路由。

（5）无线接入和核心网之间弱关联：5G 核心网是与接入无关并起到收敛作用的架构，3GPP 和非 3GPP 均通过通用接口接入 5G 核心网。

（6）支持统一的鉴权框架。

（7）支持无状态的网络功能，即计算资源与存储资源解耦部署。

（8）基于流的 QoS：简化了 QoS 架构，提升了网络处理能力。

（9）支持本地集中部署业务的大量并发接入，用户面功能可部署在靠近接入网络的位置，从而支持低时延业务和本地业务网络接入。

2.2.3　5G 核心网融合组网

考虑业务需求和产品成熟度，在 5G 商用初期将部署控制层、信令层、数据层、应用层、媒体转发层共 5 类、8 种网元；控制层、信令层、数据层、应用层网元将全部采用虚拟化方式，基于网络云集中部署；媒体转发层网元将靠近用户部署，以降低时延、提升体验。2G/4G/5G 核心网独立组网与融合组网架构如图 2.9 所示。

（1）UDM/HSS、PCF/PCRF：支持用户不换号、不换卡使用 SA，UDM/UDR、PCF/UDR 采用 2G/4G/5G 融合组网方式，以省（地市/号段）为单位考虑数据融合。

（2）NSSF、NRF 和 SMSF 是 5G 核心网特有网元，采用 5G 独立设置方式，NSSF 与 NRF 多切片共享网元。

（3）在 5G 核心网中，AMF、SMF、UPF 存在独立设置和 2G/4G/5G 融合组网两种方案。其中 AMF/MME、SMF/PGW-C 建议以覆盖区域连续的本地网为单位进行组 Pool 规划，用户面 UPF/PGW-U 则以地市为单位下沉部署。融合组网在资源利用率、规划建设、管理维护等方面均优于独立组网，建议在规划期尽早以融合组网方式统筹 2G/4G/5G 网络规划建设。

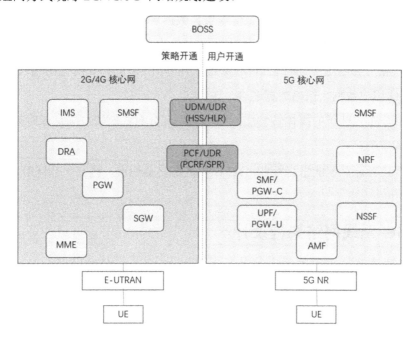

图 2.9　2G/4G/5G 核心网独立组网与融合组网架构

以支撑业务发展和网络演进为核心，未来 5G 核心网建设将以 NFV 网络云建设和 5G SA 融合核心网建设为抓手，加快推进传统核心网 NFV 云化转型及 5G SA 成熟商用，不断优化网络架构，构建 2G/4G/5G 云化融合核心网。

2.2.4 5G 核心网目标架构演进

为了全面支撑 5G 万物互联的前景，5G 核心网架构将基于 NFV 网络云集中策略部署核心网控制层、信令层、数据层和媒体转发层。一方面将核心网功能按需下沉到地市及边缘节点部署，提前布局边缘计算能力；另一方面通过网络切片支撑 2C 和 2B 业务发展，服务 2G/4G/5G 协同和 5G 赋能千行百业。5G 核心网目标架构包括以下 5 个方面：

（1）集中的网络云：控制层、信令层、数据层和应用层集中化部署。

（2）2G/4G/5G 融合核心网：构建面向 2C 的 2G/4G/5G 融合核心网。

（3）融合数据层：面向 2C，支持在用户不换卡、不换号的情况下实现 2G/4G/5G 用户数据、策略数据融合。

（4）分布式部署的媒体转发层：用户面下沉分布式部署，满足低时延、大带宽等业务需求。

（5）边缘计算使能垂直行业：MEC 按需部署至地市、区县、园区等。

2.3 5G 无线网络架构设计

2.3.1 以用户为中心的 5G 无线网络架构

5G 无线接入网改变了传统以基站为中心的设计思路，突出"网随人动"的新要求，具体能力包括灵活的无线控制、无线智能感知和业务优化、接入网络协议定制化部署。以用户为中心的 5G 无线网络架构如图 2.10 所示。

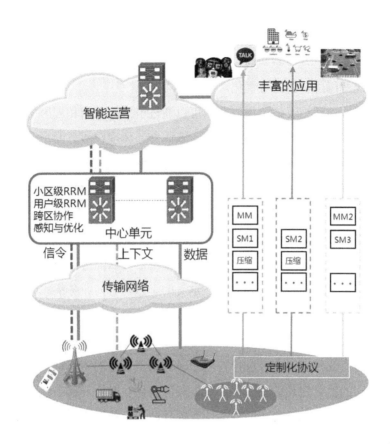

图 2.10　以用户为中心的 5G 无线网络架构

以用户为中心的 5G 无线网络架构特征如下：

（1）灵活的无线控制。

按照"网随人动"的接入网设计理念，通过重新定义信令功能和控制流程，实现灵活高效的空口控制和简洁稳健的链路管理机制。通过将 UE 的上下文和无线通信链路与为该 UE 提供无线资源的小区解耦，5G 新型接入网协议栈以 UE 为单位管理无线通信链路和上下文，并将该 UE 的服务小区作为一种空口无线资源池，灵活调度时域、频域、空域等多维无线资源。在系统每次进行资源授权时，先确定 UE 可用的空口传输时间，然后确定 UE 可用的小区，最后确定 UE 在这些可用的小区内频率域、码域、功率域及空间域无线资源。协议栈功能可根据 UE

对空口信道质量的要求，对服务于 UE 的多种不同的物理层空口传输技术进行灵活控制。

（2）无线智能感知和业务优化。

为了更充分地利用无线信道资源，可以通过引入接入网和应用服务器的双向交互，实现无线信道与业务的动态匹配。双向交互体现在两方面：一方面接入网可以向应用服务器提供接入网状态信息，另一方面应用服务器可以向接入网传递相关应用信息。通过无线智能感知功能增强，可提高业务感知和路由决策效率，实现业务的灵活分发和跨网关的业务平滑迁移。

（3）接入网协议定制化部署。

在无线智能感知的基础上，接入网协议栈可以针对业务需求类型提供差异化配置，即软件定义协议技术。通过动态定义的、适配不同业务需求的协议栈功能集合，为多样化的业务场景提供差异化服务，使得单个接入网物理节点能充分满足多种业务的接入需求。当业务流到达时，接入网首先对业务流进行识别，并将其导向相应的协议栈功能集合进行处理。RAN 根据业务的不同场景需求和差异化特性采用不同的协议栈功能集合，针对自动驾驶高实时性及移动性要求场景，其协议栈功能集合需要支持专用的移动性管理功能和承载管理功能，同时通过简化部分协议栈功能，如采用稳健性报头压缩（Robust Header Compression，ROHC）算法以延低时延。

2.3.2　NSA 架构与 SA 架构

在 5G 网络规划过程中，主要采用非独立组网（None Stand Alone，NSA）和独立组网（Stand Alone，SA）两种无线网络架构。3GPP NSA 架构协议冻结早，标准规范相对成熟，是 5G 网络发展初期快速引入宽带业务能力的过渡方案。SA 架构针对 4G 现网改动较小，业务能力更灵活，终端成本相对较低，能够实现与垂直行业的跨界融合，为行业应用开拓巨大的价值增长空间。SA 是运营商 5G 网络部署的最终目标方案。在 5G 产业链发展的初级阶段，运营商主要采用 NSA 架构进行组网，在 2020 年逐步采取基于 SA 架构的规模化组网部署。

（1）5G NSA/SA 组网方案。

根据 3GPP 规范定义，5G 新空口（New Radio，NR）主要采用 NSA 和 SA 两种方案。为实现快速建网，满足市场发展的迫切需求，初级阶段 5G 运营商主要采用 NSA 方式进行部署，但 NSA 网络在核心网、无线接入网方面的性能存在不足。在核心网方面，NSA 基于现有 4G 核心网通过软件升级方式进行部署，仍然保留原先核心网硬件架构，无法实现 5G 新提出的网络切片和移动边缘计算等新技术、新功能。在无线接入网方面，NSA 需要通过 4G 锚点来传输 5G 控制面信令，需要基站侧同时部署锚点和 5G NR 两套基站设备，将会大幅增加网络部署难度和成本。终端侧需要同时工作在 4G 和 5G 两个频段，一方面会增加终端复杂度，另一方面会降低终端的上行覆盖性能。

NSA/SA 架构如图 2.11 所示，SA 采用全新的 5G 核心网架构，基于 x86 通用硬件服务器，通过网络功能虚拟化和软件定义网络的方式实现核心网的网元功能，全面支撑 5G 各种新型网络技术应用。在无线接入网方面，SA 不再需要 4G 信令锚点，控制面和用户面信息全部通过 5G 核心网传输。相比于 NSA 网络，SA 在覆盖、时延、吞吐量等方面均有明显提升。

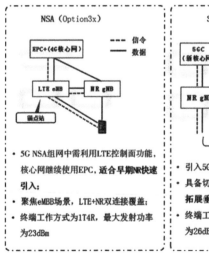
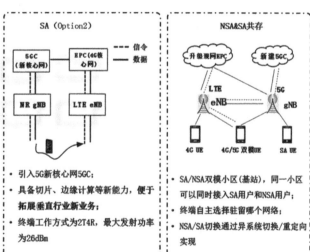

图 2.11　NSA/SA 架构

（2）5G NSA / SA 组网方案对比分析。

NSA 和 SA 组网方案对比主要从两个方面、7 个维度展开，如表 2.2 所示。在建设部署方面，NSA 相比 SA 而言，在语音方案和核心网部署两个维度具有优势，在 5G 网络初期快速建网时优先采用 NSA 组网方案。在网络性能方面，SA 相比 NSA 在服务场景、端到端时延和终端吞吐量这三个维度具有明显优势，在 5G 网络建设的中后期将会考虑采用 SA 作为主流的组网方案。

表 2.2　NSA 和 SA 组网方案对比

维度	两个方面	对比维度	NSA	SA	优势网络
1	建设部署	语音方案	4G VoLTE	VoNR（需对接 IMS）、回落 4GVoLTE	NSA
2		无线网部署	部署锚点 + 5G 两套无线网	只需部署 5G 无线网	SA
3		核心网部署	现有 4G 核心网直接升级	新建 5G 核心网，需对接 4G 核心网各项能力	NSA
4	网络性能	服务场景	eMBB 场景	eMBB/mMTC/uRLLC 场景	SA
5		覆盖能力	低穿损场景 NR 电平略高于锚点；高穿损场景 NR 电平低于锚点	下行与 NSA 5G 电平相当；上行小区边缘覆盖弱	NSA
6		端到端时延	ping 时延与 SA 相近；切换时延与 SA 相近；空闲态到业务态转换时延高	ping 时延与 NSA 相近；切换时延与 NSA 相近；空闲态到业务态转换时延低	SA
7		终端吞吐量	下行峰值速率优（下行分流）；上行边缘速率优（上行分流）	下行速率与 NSA 相近；上行整体速率优	SA

在建设部署方面，5G 网络提供的语音方案包括 3 种：在 NSA 方案中语音主要通过 4G 长期演进语音承载（Voice over Long Term Evolution, VoLTE）提供；在 SA 方案中采用新空口语音承载（Voice over New Radio，VoNR）时，需要对接 IP 多媒体子系统（IP Multimedia Subsystem，IMS），随后回落 4G VoLTE。5G 语音方案对比如表 2.3 所示。

在 VoLTE 方案中，5G 终端支持双连接，控制面锚定于 LTE，通过 LTE 注册到 IMS 来提供语音业务。

在 EPC 回落方案中，5G 单待终端（同时仅能驻留一种制式网络的终端）平时驻留 5G，当其发起语音呼叫时切换回落到 LTE，通过 LTE 承载提供语音业务。

在 VoNR 方案中，面向 5G 单待终端，5G NR 接入 5G 核心网，LTE 终端接入演进的分组核心网（Evolved Packet Core，EPC），两者可以进行语音切换。

表 2.3　5G 语音方案对比

方案	VoLTE(NSA)	EPC 回落 (SA)	VoNR(SA)
场景	Option3x 模式	Option2 NR 热点覆盖	Option2 NR 连续覆盖
核心网架构	IMS+EPC	IMS+5G 核心网	IMS+5G 核心网
语音连续性	语音在 4G 网络中进行，SRVCC/CSFB	语音回落到 4G 网络中进行	语音在 5G 网络中进行
域选择	同 4G 域选择	同 4G 域选择机制，被叫针对双注册场景增加 IMS 试呼	同 4G 域选择机制，被叫针对双注册场景增加 IMS 试呼
紧急呼叫	同 4G 机制	同 4G 机制	同 4G 机制
QoS 保障	同 4G	同 4G	QoS 能力优于 4G
漫游	同数据漫游	同数据漫游	同数据漫游
呼叫建立时延	空闲态时延<3.5s 连接态时延<2.5s	在单注册支持 N26 场景下，增加时延大于 400 ms	时延<2s
呼叫中断时延	语音连续，不受 4G/5G 切换影响	语音连续，不受 4G/5G 切换影响	单注册（N26+切换），无中断，时延<300ms

在 5G NSA 无线网络部署方案中，需要同时部署信令锚点和 5G 两套无线网，建设难度大，成本高。NSA 网络需要配置复杂的邻区关系及 5G 网络驻留参数，进一步增加了部署维护成本。新建频分双工（Frequency Division Duplexing，FDD）1800MHz 小区作为控制面锚点，针对现网 LTE 容量进行补充，后期还可以对 5G 上行覆盖进行补充，弥补 5G 毫米波频段的上行覆盖劣势。

在 5G SA 无线网络部署方案中，只需要部署 5G 一套无线网，部署成本及难度小于 NSA。SA 只需要配置系统内邻区关系，目前不涉及系统间切换，无须制定复杂的驻留策略。SA 前期站点较少，无法形成连续覆盖，在小区边缘的用户容易因弱覆盖而掉线脱网，严重影响用户感知。

2.3.3 CU-DU 分离架构

（1）5G 基站架构。

在 4G 无线网络架构演进的基础上，5G 基站系统设计需要针对各项功能进行重构。首先把原先基带单元（Base Band Unit，BBU）的一部分物理层处理功能下沉到射频拉远单元（Remote Radio Unit，RRU），并和天线结合成为有源天线处理单元（Active Antenna Unit，AAU），接着将 BBU 拆分成集中单元（Centralized Unit，CU）和分布单元（Distributed Unit，DU）。每个基站都有一套 DU，多个 DU 站点共用同一个 CU 进行集中式管理。4G 和 5G 无线网络架构如图 2.12 所示。

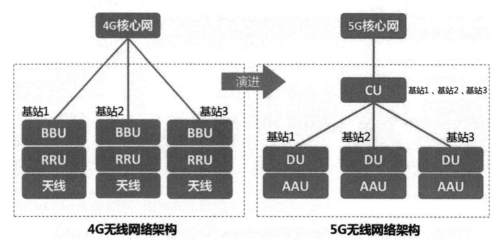

图 2.12   4G 和 5G 无线网络架构

（2）5G 无线协议。

5G 网络架构主要包括 5G 终端（UE）、5G 基站（gNB）和 5G 核心网（5GC）。5G 的网络架构及各个接口由 3GPP 相关的技术规范定义，其中无线技术部分主要参考 3GPP 38 系列协议，围绕 5G 终端及 5G 基站来进行设计。5G 无线部分协议内容主要包括终端及基站之间的空口：NR 的规范（含终端、基站的发送和接收、无线业务流程、协议栈等），基站之间、基站内部（CU 和 DU 之间）各个 5G 网络接口相关的规范，以及终端和基站对协议符合性相关的测试规范。图 2.13 描述了 5G 基站协议栈，以及各个基站内部及基站间的接口。

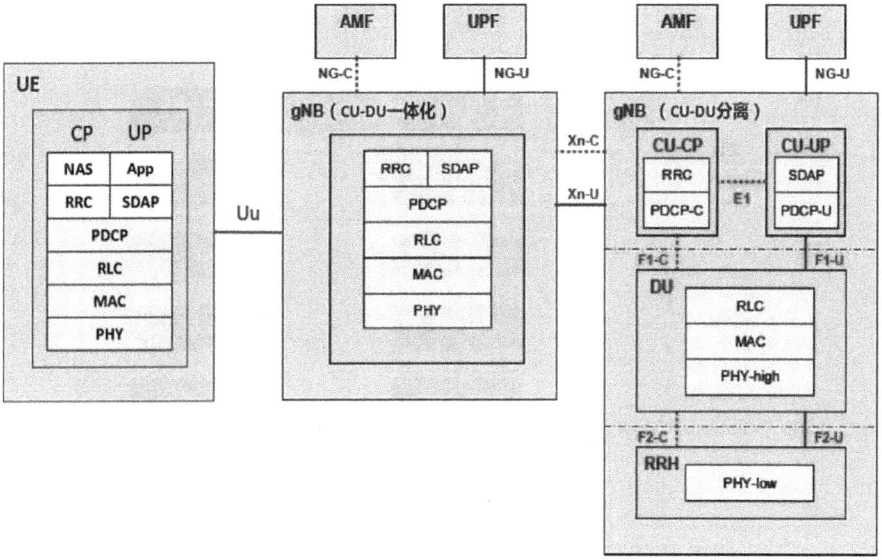

图 2.13　5G 基站协议栈及接口

与 4G 十分类似，5G 基站支持的空口协议栈包含物理层（Physical, PHY），媒体访问控制（Media Access Control，MAC），无线链路控制（Radio Link Control，RLC），分组数据汇聚协议（Packet Data Convergence Protocol，PDCP）等基本协议层，其中无线资源控制（Radio Resource Control，RRC）层为控制面（Control Plane，CP）专有，用户面（User Plane，UP）则增加了用于处理 QoS 相关的 SDAP 层。

5G 基站在逻辑上可分为 CU 和 DU，它们之间采用 F1 接口。如果把 CU 的控制面和用户面分开部署为 CU-CP 和 CU-UP，则它们之间又增加多个 E1 接口。5G 基站间的接口即 gNB 和 gNB 之间的 Xn 接口，基站跟核心网之间是 NG 接口。上述接口大多分为控制面（接口后面加"-C"）和用户面（接口后面加"-U"）两部分。在 5G 实际网络部署中一般采用 CU-DU 一体化或 CU-DU 分离架构。

（3）CU-DU 分离。

5G CU-DU 协议分层如图 2.14 所示，CU 和 DU 的切分规则需要根据不同协议层的实时性要求进行处理。BBU 中的物理低层（PHY-low）被下沉到 AAU 中处理，针对实时性要求高的物理高层（PHY-high）、MAC、RLC 层由 DU 处理，而把对实时性要求不高的 PDCP 和 RRC 层放到 CU 中处理。

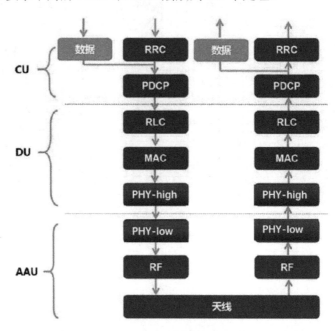

图 2.14　5G CU-DU 协议分层

CU-DU 分离提高了 5G 无线网络架构的灵活性，其技术优势如下：

① 实现基带资源共享；

② 有利于实现无线接入的切片和云化；

③ 满足在 5G 复杂组网情况下的站点协同问题。

（4）CU-DU 部署方案。

在 5G 商业部署中，可以采用 CU 和 DU 合设与分离两种架构。针对 eMBB 和 mMTC 业务，可以把 CU 和 DU 分开部署在不同的地方，若要支持 uRLLC，就必须采用 CU 和 DU 合设方案。不同业务的 CU 位置不同，大大增加了网络本身的复杂度，管理的复杂度也随之提高。所以说，CU 和 DU 虽然可以在逻辑上分离，但在物理上是否要分开部署，还要取决于具体业务的需求。对于 5G 的终极网络，CU 和 DU 必然是合设与分离这两种架构共存。5G 初期只进行 CU 和 DU 的逻辑划分，实际二者还都是运行在同一个基站上的，后续随着 5G 的发展和新业务的拓展，将会逐步进行 CU 与 DU 的物理分离。

CU-DU 部署方式的选择需要同时综合考虑多种因素，以适应 5G 网络多样化的部署需求，保证业务性能、数据传输和运维成本均衡。例如，当前传网络为理想传输网络，具备足够大的带宽和极低时延时，可以将协议栈高实时性功能集中，将 CU 和 DU 部署在同一个集中点，获得最大的协作化增益。若前传网络为非理想传输网络，传输网络的带宽和时延有限，CU 可以集中协议栈低实时性功能，采用集中部署方式，DU 集中协议栈高实时性功能，采用分布式部署方式。CU 作为集中节点，部署位置可以根据不同业务的需求进行按需灵活调整。

根据 5G 无线网络的具体演进策略，5G 发展初期基于 SA 组网架构，采用部署成本低、业务时延低、建设周期短的 CU-DU 合设方案；中远期实时引入 CU-DU 分离架构。CU 是中央单元，实现 PDCP 层及以上的无线协议功能，DU 实现 PDCP 层以下的无线协议功能。CU 既可以与多个 DU 分离相连，实现对 DU 统一和集中化管理，降低总成本；也可以与 DU 整合实现协议栈全部功能，以降低时延，满足特殊场景需求。

虽然 CU-DU 分离架构优势显著，但也存在一定问题。例如，单个基站功率容量有限、网络规划及管理更复杂及存在时延问题等。运营商在 5G 建设初期会以 CU-DU 合设部署方案为主，未来将视技术发展和业务需求选择是否向分离架构部署方案演进。

（5）5G C-RAN 网络架构。

C-RAN 的基本定义是基于云计算的无线接入网架构，5G C-RAN 将所有或者部分基带处理资源进行集中，形成一个基带资源池并对其进行统一管理与动态分配，在提升资源利用率、降低能耗的同时，通过对协作化技术的有效支持而提升网络性能。针对 5G 高频段、大带宽、多天线、海量连接和低时延等需求，C-RAN 引入了 CU-DU 的功能重构及下一代前传网络接口（Next Generation Fronthaul Interface，NGFI）前传架构。

C-RAN 网络架构首先需要解决 CU 和 DU 如何进行功能分割的问题。5G

C-RAN 网络架构如图 2.15 所示，5G 的 BBU 功能将被重构为 CU 和 DU 两个功能实体。CU 和 DU 功能切分原则以处理内容的实时性进行区分。CU 主要执行非实时性的无线高层协议栈功能，同时支持部分核心网功能下沉和边缘应用业务的部署；DU 主要处理物理层功能和实时性需求的层 2（L2）功能。考虑到节省 RRU 和 DU 之间的传输资源，部分物理层功能可上移至 RRU 实现。在具体物理实现上 CU 设备主要采用通用平台实现，具备支持核心网和边缘应用能力。DU 设备采用专用设备平台或通用+专用混合平台实现，支持高密度数学运算能力。5G 核心网引入网络功能虚拟化（NFV）框架后，在 MANO 的统一管理和编排下，配合网络 SDN 控制器和传统的操作维护中心（Operation and Maintenance Center，OMC）功能组件，实现包括 CU-DU 在内的端到端灵活资源编排能力和配置能力，满足运营商快速按需部署的需求。

图 2.15　5G C-RAN 网络架构

2.3.4　无线云化演进

（1）无线云化概念。

C-RAN 基于 CU-DU 两级协议架构、NGFI 传输架构和 NFV 实现架构，形成面向 5G 的灵活部署两级网络云架构，也成为 5G 及未来网络架构演进的重要方向。无线云化和虚拟化使得网络具有灵活可编排能力。随着 CD-DU 两级网络云架构的引入，CU 具备了云化和虚拟化基础。CU 设备首先实现基于功能软件、虚拟化层、通用硬件三层解耦，在此基础上引入 NFV 框架，通过 MANO 编排层使得无线网具有可编排能力。

云化的核心思想是功能抽象，实现资源应用的解耦。无线云化有两层含义：一方面，全部处理资源可属于一个完整的逻辑资源池，资源分配不再像传统网络那样在单独的基站内部进行，而是采用基于 NFV 架构的资源池分配方案，可以最大限度地实现资源的复用共享（如潮汐效应），降低系统整体成本，实现功能灵活部署。可将移动边缘计算视为无线云化带来的灵活部署应用场景之一。另一方面，空口的无线资源可以抽象为一类资源，实现无线资源与无线空口技术解耦，支持灵活无线网络能力调整，满足特定客户的定制化要求，例如，为集团客户配置专有无线资源，实现特定区域覆盖等。在 C-RAN 无线云架构中，系统可以根据实际业务负载、用户分布、业务需求等实际情况动态实时调整处理资源和空口资源，实现按需部署的无线网络能力。

在 5G 无线云网络架构中可以引入网络切片技术。端到端网络切片基于同一个物理网络设施提供多个逻辑网络服务，实现业务快速上线与灵活扩容，有助于新业务拓展。网络切片既能提供传统的移动宽带业务，也能满足垂直行业差异化的数据传输需求，同时还可以支撑差异化的网络应用相关服务。端到端的网络切片至少应具备选择核心网、选择接入网、隔离和资源管理等功能。C-RAN 采用 CU-DU 两级架构，支持端到端网络切片。其中，CU 支持切片隔离中的控制功能，DU 支持差异化配置、空口资源的灵活调度和定制化的切片策略，运维支持自动化切片管理。基于 C-RAN 架构实现网络切片的快速创建与部署，使得垂直行业之间的多种业务能够同时运行在同一个物理网络中，确保业务间的隔离性。

（2）无线网络虚拟化部署。

5G 网络需要采用无线网络虚拟化满足不同虚拟运营商、用户的差异化定制需求，如图 2.16 所示。通过将网络底层的时、频、码、空、功率等资源抽象成虚拟无线网络资源，进行虚拟无线网络资源切片管理。依据虚拟运营商、用户的定制化需求，实现虚拟无线资源灵活分配与控制（隔离与共享），充分适应和满足未来移动通信网络经营模式对移动通信网络提出的网络能力开放和可编程性需求。

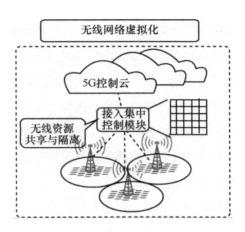

图 2.16   无线网络虚拟化

（3）构建以用户为中心的虚拟小区。

针对多制式、多频段、多层次的密集移动通信网络，将无线接入网络的控制信令传输与业务承载功能解耦，依照移动网络的整体覆盖与传输要求，分别构建虚拟无线控制信息传输服务和无线数据承载服务，进而减少不必要的频繁切换和信令开销，实现无线接入数据承载资源的汇聚整合。依据业务、终端和用户类别，灵活选择接入节点和智能业务分流，构建以用户为中心的虚拟小区（如图 2.17 所示），提升用户一致性业务体验。

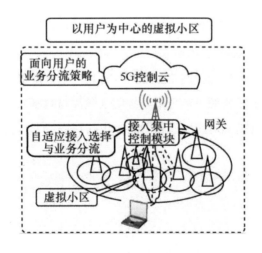

图 2.17   以用户为中心的虚拟小区

2.4　三维连接网络结构

陆地蜂窝移动通信网络经过四十多年的发展，已进入 5G 时代，在全球大多数地区形成了相对完善的网络覆盖。目前，全球近 80% 的人口都能享受移动通信服务。但在人口稀少的偏远地区及沙漠、森林、海洋等区域，陆地移动网络还无法有效覆盖。"空天海地"全域覆盖是未来 5G 网络演进的重要特征，满足未来 5G "万物互联"需求的三维连接技术应运而生。

2.4.1　三维连接网络中的 TN 与 NTN

所谓三维连接技术是指地面网络（Terrestrial Network，TN）与非地面网络（Non-Terrestrial Network，NTN）无缝融合组网，支持"空天海地"一体化移动通信连接的技术，三维连接网络如图 2.18 所示。

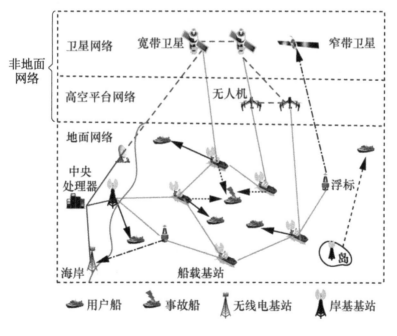

图 2.18　三维连接网络

三维连接网络的无线站点或天线可以显式或隐式部署于机房、建筑墙面或家居环境，以及地上或水下无人机、空中平台、不同地球轨道卫星等各种位置，通过三维连接网络真正实现任何时间、任何地点跟其他任何一方的通信。但受制于运营模式、经济成本、技术等因素，现有的 NTN 与 TN 各自独立部署，无法融合组网。相对于 TN，NTN 为满足 5G 无处不在的覆盖需求，作为全球覆盖的补充手段，广泛应用于地面网络因自然灾害、重大故障等无法提供服务的应用场景。5G NTN 应用场景包括全地形覆盖、应急通信、物联网和广播业务等，以增强或补充 TN 的服务能力。

2.4.2 NTN 标准化进展

3GPP 制定的 5G NR 通信网络是一个开放的系统，在需求报告中明确规定 5G 系统能够通过卫星接入提供服务，同时还要支持 5G 接入与基于卫星接入之间的服务连续性。5G 三维连接网络面临的主要技术挑战包括融合组网结构、NR 物理层与上层协议优化、频谱管理、无线资源管理、高速移动与波束管理等。在制定 5G NR 标准过程中，结合卫星通信传播的技术特点做出适应性改进，最终制定统一的三维连接空口与组网的标准化方案。其中，第一阶段标准组织重点讨论了星地信道模型以及对现有 5G NR 标准的影响。第二阶段对星地融合的网络架构进行了梳理，针对第一阶段所识别的标准问题，提出多种可能的解决方案。从 2020 年开始正式进入 NTN 标准起草阶段，在 3GPP R17 版本中，已经基本完成 NTN-NR、NTN-IoT 标准的制定。

2.4.3 NTN 和 TN 网络联合部署结构

NTN 和 TN 网络联合部署结构灵活多样，如图 2.19 所示。

（1）5GC 共享结构：TN 和 NTN 各自拥有独立的接入网，但它们共享 5G 核心网（5GC）。

（2）NTN 接入共享结构：拥有不同 5G 核心网的运营商可以共享 NTN 无线接

入网。

（3）漫游与服务连续性部署结构：同一多模终端，从 TN 漫游到 NTN，或者从 NTN 漫游到 TN，通过 5G 核心网之间的 N26 接口，支持漫游终端的服务连续性。

（4）NTN 回传结构：NTN 充当地面无线电接入网到地面核心网的无线回传网络。

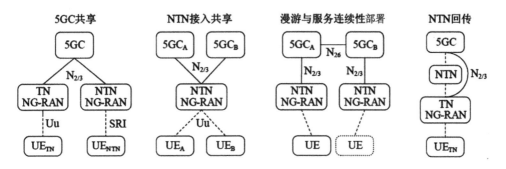

图 2.19　NTN 和 TN 网络联合部署结构

依据卫星能力的不同，NTN 无线接入网三维连接存在两种部署模式：一是在初级阶段部署模式中，卫星可被视为无线传输链路的中继节点；二是在最终部署模式中，基站部署在卫星上，等同于 TN 中的基站。

2.4.4　三维连接技术展望

面向未来的 5G 网络架构演进目前尚处于早期的需求分析与使能技术识别研究阶段。针对"空天海地"三维立体连接场景，业界已基本达成共识。在 R17 标准制定过程中，3GPP 将要完成 NR-NTN 标准需求、部署结构、空口、频谱与终端方面的设计。对于 NTN 的卫星通信而言，在 5G 网络统一架构、相同传输和交换技术基础上，与地面网络进行更全面、更深入的融合是未来趋势。展望未来三维连接技术发展趋势，NTN 和 TN 融合组网模式更加丰富，多连接技术需要深入研究，使得终端在不同网络间既可灵活切换又能保持服务连续性。NTN 将是由数量众多的高、中、低轨道多层卫星构成的星座，网络拓扑结构呈现高度动态变化特性，需要高效灵活的网络管理技术来提升网络运行效率和稳定性。三维连接中 NTN 所具有的独特优势，为将来众多新技术提供了一个理想的研究应用场景，人工智能、自组织网络、太赫兹、边缘计算、区块链等先进技术将逐渐融入三维连接网络的多个层面。未来的 6G 网络可利用异构多层网络协同的资源调度，为用户提供平滑的 NTN 与 TN 无缝连接服务，真正实现"空天海地"三维立体连接。

2.5 本章小结

面对 5G 极致的体验、效率和性能要求，以及万物互联的愿景，5G 网络架构需要从逻辑功能和平台部署的角度进行端到端统一设计。本章从系统设计和组网设计两个角度进行深入分析，介绍了新型 5G 网络架构设计方案。首先针对 5G 网络架构、5G 核心网架构进行详细论述；接着讨论了 5G 无线网络架构设计和组网方案，最后深入探讨三维连接网络架构设计，并针对未来三维连接技术演进方向进行了展望。5G 网络架构的新型设计，有助于聚焦关键技术研究方向和指导后续产业发展。

第 3 章

5G 上行增强技术

随着 5G 向钢铁、矿山、港口、制造业、电力等各行各业渗透，5G+视频监控、5G+远程控制、5G+机器视觉等业务场景需实时回传多路高清视频，对网络上行能力的要求越来越高。当前，5G 网络的下行峰值速率已达到千兆级，但随着 2B 业务对上行速率需求越来越高，上行速率急需提升。目前，3GPP 规范已经演进到 R17 版本，从整体来看，业界存在几种 5G 上行增强技术方案，包括双连接、上行载波聚合、补充上行链路和超级上行方案。

3.1 双连接

双连接（Dual Connection，DC）是 3GPP R12 版本引入的技术。利用双连接技术，LTE 宏站和 LTE 微站可以通过现有非理想回传 X2 接口实现载波聚合，为用户提供更高的速率，从而达到提高频谱效率和实现负载平衡的目标。3GPP R14 版本在 LTE 双连接基础上定义了 LTE 和 5G NR 双连接技术，包括 Option 3/3a/3x、Option4/4a 和 Option7/7a/7x 等多种选项模式，可实现 LTE 和 5G 融合组网。

（1）基于 4G 核心网（EPC）的 4G 与 5G 双连接。

在 5G 网络建设中，不管是采用 NSA 还是采用 SA 组网方式，4G LTE 与 5G 网络都将在很长一段时间内共存。基于 4G 核心网 EPC 的 4G 与 5G 双连接架构是在原有的 4G 网络覆盖基础上增加 5G NR 新覆盖，5G 无线网通过 4G LTE 网络融合到 4G 核心网，融合的锚点在 4G 无线网，但依然继承原有 4G 控制面。LTE eNodeB（演进型 Node B，简称 eNB）与 NR gNB 采用双连接的形式为用户提供高数据速率服务。以 eNB 为主基站，所有控制面信令都经由 eNB 转发。

在基于 4G 核心网的 4G 与 5G 双连接架构中，UE 连接的 LTE eNB 为主节点（MN），UE 连接的 NR gNB 为辅节点（SN）；LTE eNB 通过 S1 接口连接到 EPC，LTE eNB 通过 X2 接口连接到 NR gNB；NR gNB 可以通过 S1-U 接口连接到 EPC，NR gNB 可以通过 X2-U 接口连接到其他 5G 基站。

根据用户面选择的不同，基于 4G 核心网的 4G 与 5G 双连接架构有以下 3 种：Option3、Option3a 和 Option3x 架构，如图 3.1 所示。在 Option3 架构中，所有的控制面信令都经由 LTE eNB 转发，用户面经由 LTE eNB 连接到 EPC，LTE eNB 将数据分流给 NR gNB。在 Option3a 架构中，所有的控制面信令都经由 LTE eNB 转发，用户面经由 LTE 基站与 NR gNB 同时连接到 EPC，EPC 将数据分流至 NR gNB。在 Option3x 架构中所有的控制面信令都经由 LTE eNB 转发，用户面经由 NR gNB 连接到 EPC，NR gNB 可将数据分流至 LTE eNB。

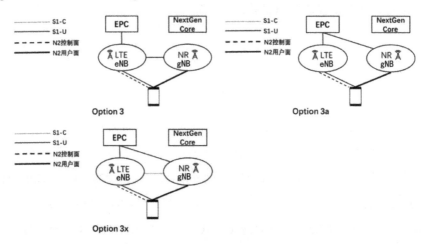

图 3.1　Option3、Option3a 和 Option3x 架构

（2）双连接协议架构。

在双连接协议架构中，LTE 和 5G 基站都连接在 LTE 核心网上，LTE eNB 作

为主 eNB（MN），5G gNB 作为从 eNB（SN），LTE eNB 和 5G gNB 通过 X2 接口互连。在控制面上 S1-C 终结于 LTE eNB，LTE 和 5G 之间的控制面信令通过 X2-C 接口进行交互。如图 3.2 所示，在不同的双连接模式下，存在不同的用户面协议架构，如 Option 3、Option 3a、Option 3x。

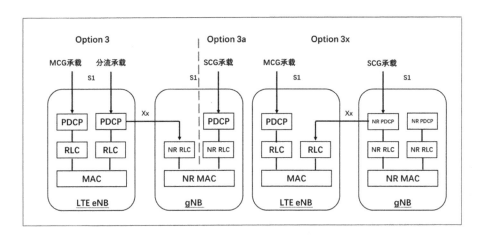

图 3.2　双连接 Option 3、Option 3a、Option 3x 协议架构

（3）双连接技术实现机制。

3GPP 为双连接技术定义了不同的频段组合，将中高频段和较低频段组合用于上行覆盖增强。下面以 3.5GHz（5G TDD 模式）和 2.1GHz（4G FDD 模式）频段组合为例，采用 Option3x 连接模式，介绍双连接技术实现机制，如图 3.3 所示。在覆盖的近中点，基站下行链路（DL）采用 4G 和 5G 网络同时传输信息，采用两载波带宽提高容量，终端上行链路（UL）在 4G 和 5G 网络上各占用一根天线发送数据，共享终端 23dBm 总功率。在覆盖远点，超出 5G 基站覆盖范围，下行链路连接到 4G 基站上，终端上行链路在 4G 网络上传输，天线功率最大为 23dBm。由此可见，双连接技术在 5G 建网初期对保证网络无缝覆盖、提高用户和系统性能具有重要意义。

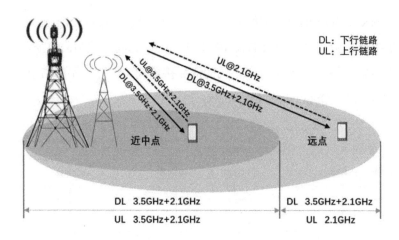

图 3.3 双连接技术实现机制示意图

3.2 上行载波聚合

3.2.1 背景

频谱是移动通信领域的核心资源。5G 频谱分散在多个频段，不同频段各有优劣。从 1G 到 5G，每一代移动通信系统都为运营商分配了不同的频谱资源，导致运营商拥有的频谱资源是分散的、不连续的，比如中国移动目前拥有的频谱资源分散在 900MHz、1.8GHz、1.9GHz、2GHz、2.3GHz、2.6GHz、4.9GHz 等多个频段上。全球第一波商用 5G 网络主要使用了更高的 3.5GHz（3.3～3.8GHz，n78）频段和毫米波频段，以及 2.6GHz（2.496～2.69GHz，n41）频段。以 5G 3.5GHz 频段为例，采用时分双工（TDD）方式，与当前 4G 网络普遍使用的 1.8GHz 频分双工（FDD）频段相比，3.5GHz TDD 频段不仅穿透损耗较高，而且上行可用时隙占比也较少，在满足 5G 业务需求方面，面临上行带宽、上行覆盖和传输时延三大挑战。

（1）上行带宽。

TDD 模式上行链路和下行链路使用相同的频率。我国 5G 网络 3.5GHz 频段的上行、下行资源占比配置为 3∶7，即 30%时隙用于上行链路，70%时隙用于下行链路。以 100MHz 带宽为例，上行方向实际可用带宽资源折算下来也只有 30MHz，仅为 1.8GHz FDD 单载波的 1.5 倍。

（2）上行覆盖。

频率越高，空间传播损耗越大，覆盖距离也越短。上行链路采用 3.5GHz 频段相比 2.1GHz 频段路径损耗多 5dB。此外，频率越高，穿透损耗也越大，导致覆盖距离越短。

（3）传输时延。

由于 TDD 模式上行和下行时分传输，终端在接收下行数据时不能发送上行数据，这导致在上行传输过程中额外增加了等待时延。对于上行占比 30%的 3.5GHz 频段来说，额外等待 0～2ms，平均等待 0.8ms。同理，在下行方向，额外等待 0～1ms，平均等待 0.2ms。

移动网络的载波带宽越大，所能提供的峰值速率越高。单载波最大带宽限制了网络的最大传输速率，运营商的频谱资源过于分散导致整体频谱利用率偏低，上行载波聚合（Carrier Aggregation，CA）技术应运而生。通过聚合不同载波的上行频段，将两个或多个载波"捆绑"，分散的频谱资源被聚合成大带宽，用来提供更快的网络传输速率，并提高频谱利用效率，实现上行能力的提升。

3.2.2　时频双聚合技术方案

结合频谱特性及行业现状，如何利用 2.1GHz 和 700MHz 等低频段提升 5G 上行能力成为业界关注的热点。时频双聚合技术以载波聚合为基础，利用 FDD 和 TDD 各自的优势形成互补，从而提升 5G 上下行性能。FDD 频段频率较低，覆盖能力强，在采用 FDD 方式传输时无额外等待时延，但其带宽通常较小；TDD 频段带宽大，而且上下行均应用 MIMO 技术，但其在覆盖和时延方面比 FDD 频段更弱。5G 时频双聚合终端上下行传输如图 3.4 所示，终端在小区中心（近点）可

以利用 FDD+TDD 频谱同时进行上下行传输，获得大带宽和低时延能力。终端在
小区边缘（远点）则把上行切换到 FDD 载波提升覆盖能力，下行保持 FDD+TDD
聚合，业务体验速率得到提升。

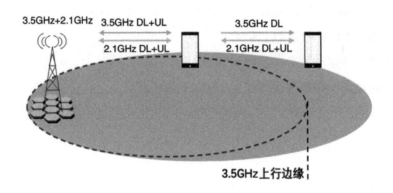

图 3.4   5G 时频双聚合终端上下行传输示意图

5G 时频双聚合技术把 FDD 和 TDD 频谱在时域和频域巧妙地协同起来，终端
能够同时连接 FDD 和 TDD 两个载波。在小区边缘时继续享受 TDD 载波下行大
带宽，上行传输则可以切换到覆盖更好的 FDD 载波上，不再因为上行受限而影响
5G 网络服务。

双载波优势互补，比单 TDD 载波覆盖范围更大，比单 FDD 载波下行速率更
高。同样以 2.1GHz 和 3.5GHz 双载波为例，终端在到达 3.5 GHz 上行覆盖边缘时
可切换到 2.1GHz 频段，上行传输时隙比单 3.5GHz 频段增加 2.3 倍，而下行可用
带宽比单 2.1GHz 频段多 2.5 倍。

3.3   补充上行链路（SUL）

3.3.1   SUL 技术原理

补充上行链路（Supplement Uplink，SUL）增强采用上下行解耦技术。在 FDD

模式下，上下行频谱成对；在 TDD 模式下，上下行共用同一段频谱。不管是 FDD 还是 TDD 模式，上下行都是绑定在一起的。SUL 打破了上下行绑定于同一频段的传统限制。在原 5G TDD 频段上新增 FDD 频段或 SUL 专属频段来补充上行链路，提升上行能力，且仅补充上行链路。

5G 基站发射功率大且支持 Massive MIMO（大规模 MIMO）技术，在下行方向可以将无线电波传送到很远的距离，但手机发射功率很小，上行覆盖能力受限，成为网络覆盖的短板。SUL 技术原理如图 3.5 所示，通过开启 SUL 功能，5G TDD 中频段（如 2.6GHz、3.5GHz 或 4.9GHz）可以聚合覆盖能力更强的 FDD 低频段（如 1.8GHz）作为上行补充。当手机处于 TDD 中频段覆盖范围内时，手机采用 TDD 中频段；当手机移动到 TDD 中频段覆盖范围之外时，手机在上行方向采用 FDD 低频段，从而弥补了 TDD 中频段的上行覆盖短板，延伸了覆盖范围。

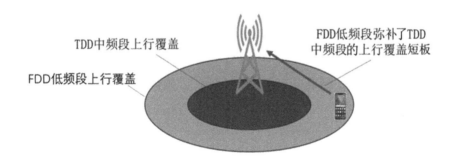

图 3.5　SUL 技术原理

3.3.2　SUL 上行增强

SUL 上行增强解决方案原理如图 3.6 所示，当 UE 处于 TDD 中频段覆盖范围内时，FDD 低频段同时被用来提升上行带宽。当 TDD 中频段传送上行数据时，FDD 低频段不传送上行数据，以充分发挥 TDD 大带宽和终端双通道发射的优势，来提升上行吞吐量；当 TDD 频段传送下行数据时，FDD 频段传送上行数据，从而实现了 FDD 和 TDD 时隙级的转换，保证全时隙均有上行数据传送。SUL 上行增强在提升上行覆盖的同时，还可以提升上行速率。

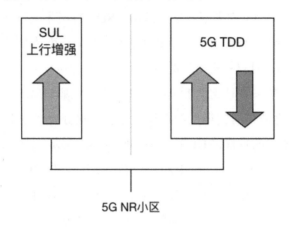

图 3.6   SUL 上行增强解决方案原理

TDD 100MHz 频谱与 FDD 20MHz 频谱通过 SUL 相互协同，增强网络上行能力。在实际外场测试中，上行单用户峰值速率可达 310Mbps。为了解决某些行业应用中针对超大带宽的需求，SUL 上行增强解决方案还可以引入专属的上行大带宽频谱（50～100MHz），与 TDD 频段协同，共同提升上行吞吐量。在实验室测试中，TDD 100MHz 频谱与专属上行 100MHz 频谱聚合，上行峰值速率可达到 1Gbps 以上，可以进一步满足行业客户对上行速率的极致需求。

3.3.3   NR FDD 700MHz 与 NR TDD 2.6GHz SUL 技术实现与功能验证

（1）技术实现。

NR FDD 700MHz 与 NR TDD 2.6GHz 共站共框部署方案如图 3.7 所示。基于 700MHz 频段和 2.6GHz 频段多频协同，在 NR 2.6GHz 频段基础上叠加 NR 700MHz 频段，实现上行全时隙资源联合调度，大幅提升 UE 上行吞吐量。另外，利用 700MHz 低频信号传播优势，还可以提升用户边缘和深度覆盖体验。

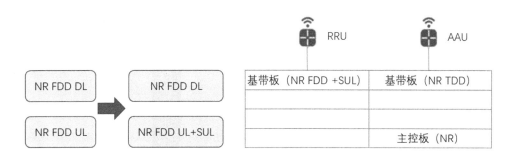

图 3.7　NR FDD 700MHz 与 NR TDD 2.6GHz 共站共框部署方案

SUL 上行技术方案如图 3.8 所示，通过将上行数据时分复用在 NR TDD 频谱和低频段 SUL 频谱上发送，增加 5G 用户的上行可用时频资源。

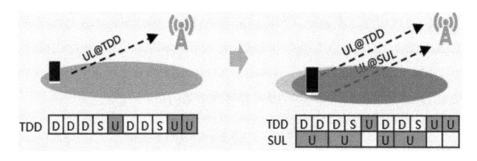

图 3.8　SUL 上行技术方案

NR TDD 与 NR FDD SUL 共框部署可以充分利用 NR FDD 小区的上行资源。在网络规划中，当覆盖区域内支持 NR FDD 700MHz 频段的终端超过 30% 支持 SUL 功能时，即可开通此区域的 SUL 功能。另外，SUL 功能实现了上下行频段解耦，上行利用 FDD 700MHz 频段进行 SUL 上行链路增强，下行利用载波聚合提供大带宽数据业务。

（2）SUL 功能验证。

利用试点基站 700MHz NR 小区，验证 FDD 700MHz+TDD 2.6GHz SUL 功能。SUL 功能开启前后对比测试如图 3.9 所示，当 SUL 功能开启后，上行峰值速率由 219.8 Mbps 提升至 294.2Mbps，增幅达到 33.8%，上行容量及客户感知体验得到有效提升。

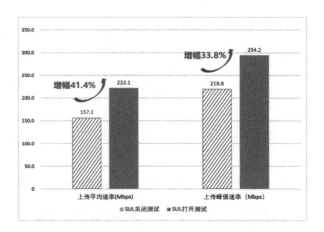

图 3.9　SUL 功能开启前后对比测试

　　SUL 上行边缘速率验证：利用试点基站 FDD 700MHz 小区，验证 FDD 700MHz+TDD 2.6GHz SUL 功能开启对上行边缘速率提升效果。如图 3.10 所示，相对 TDD 2.6GHz 边缘好点上行速率提升 61%，边缘差点上行速率提升 186%，平均上行边缘速率提升 74.5%，边缘速率改善效果明显。

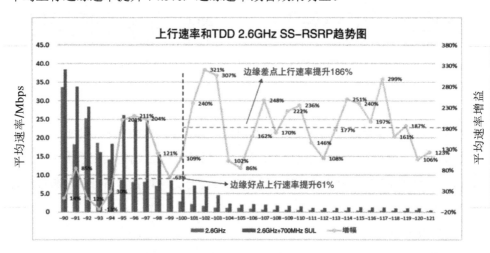

图 3.10　SUL 功能开启前后上行边缘速率对比

　　SUL 下行边缘速率验证：验证 700MHz+2.6GHz SUL 功能开启对下行边缘速率提升效果。如图 3.11 所示，相对单 2.6GHz，在好点 A 和 B 下行速率有微小波动，在边缘差点 D 下行速率提升 33%，在边缘差点 E 下行速率提升 48%。在单

2.6GHz 下行边缘速率 100Mbps 要求下，单 2.6GHz 的 SS-RSRP 信号电平为－105dBm，开通 700MHz+2.6GHz SUL 功能后，下行边缘速率保持 100Mbps 情况下，SS-RSRP 信号电平为－111dBm，上行 SUL 补充功能可以扩展延伸单 2.6GHz 下行覆盖 6dB 左右。

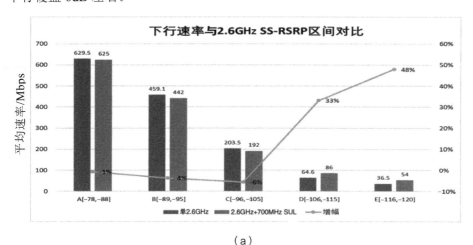

（a）

（b）

图 3.11　SUL 功能开启前后下行边缘速率对比

3.4 超级上行方案

超级上行方案是通过 FDD/TDD 时频域复用聚合提升上行覆盖、增加容量的方案。终端则以时分复用的方式使用上行载波资源，同一时刻仅在一个载波上发送。超级上行方案在 3GPP R16 中开始立项研究，主要包含 SUL 时频域聚合和载波聚合时频域聚合场景，这也是目前产业界支持度相对较高的两种超级上行场景。

通过超级上行技术，终端可利用低频 FDD 和中高频 TDD 的上行资源，实现网络覆盖、容量性能的提升和更低的空口时延，满足 5G 时代应用对于更大上行流量和更低时延的需求。

3.4.1 超级上行 SUL

对于 SUL 而言，以 3.5GHz（TDD）和 2.1GHz（FDD）频段为例，在近中点，5G 上下行使用 3.5GHz 频段，其带宽较大、支持更高速率。在远点，因 3.5GHz 频段上行覆盖不足，将会激活 2.1GHz 低频段作为补充上行。然而对于 3.5GHz 频段来说，采用时分双工（TDD）的工作方式，且下行时隙资源多于上行时隙资源，超级上行利用时频域复用聚合的思想，针对 SUL 进行改进。如图 3.12 所示，超级上行的 SUL 方案用于上行覆盖增强。以 3.5GHz 2.5ms 双周期时隙和 2.1GHz FDD 为例，在近中点，在 3.5GHz 主载波的下行时隙利用 2.1GHz 辅助载波进行上行数据发送，但是到了 3.5GHz 主载波的上行时隙，上行数据又在 3.5GHz 主载波上发送。相当于实现了 3.5GHz TDD 主载波和 2.1GHz FDD 辅载波的轮发，在近中点所有时间都可以进行上行数据发送，不仅可以提升上行速率，而且可以降低下行数据反馈时延，间接提升下行速率。

（a）中近点，主载波与 SUL 载波上行轮发

（b）远点，SUL 载波上行单发

图 3.12　超级上行 SUL 示意图

3.4.2　超级上行 CA

对于载波聚合（Carrier Aggregation，CA）而言，在近中点，终端可以利用 3.5GHz 和 2.1GHz 两个频段共享 23dBm 的功率同时发送数据；在远点，终端利用 2.1GHz FDD 频段上行发送数据。因为 3.5GHz TDD 频段具有更大的带宽，一般为 100MHz，而 2.1GHz FDD 频段带宽通常较小，一般只有 20MHz，所以在近中点上行两个频段各占用一根天线发送数据是不经济的，如果有两根天线，那么采用 3.5GHz TDD 频段传输容量会更大。超级上行的载波聚合场景利用时频域复用聚合的思想，对其进行了改进。如图 3.13 所示，将超级上行的载波聚合方案用于上行覆盖增强。以 3.5GHz TDD 2.5ms 双周期时隙和 2.1GHz FDD 为例，在近中点，当 3.5GHz TDD 在下行时隙发送数据时，上行则通过 2.1GHz FDD 载波发送数据；当交替到 3.5GHz TDD 上行时隙发送数据时，上行则从 2.1GHz FDD 载波切换到 3.5GHz TDD 载波发送数据，实现 3.5GHz TDD 和 2.1GHz FDD 上行轮发，可以使单频段上行功率增大，从而给小区近中点用户提供更优的上行性能。在远点，由于 2.1GHz FDD 上行覆盖范围比 3.5GHz TDD 大，所以在覆盖边缘区域上行数据仅在 2.1GHz FDD 载波上发送。

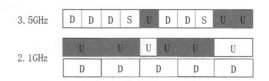

（a）近中点，下行 TDD+FDD 载波聚合，上行 FDD 和 TDD 轮发

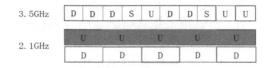

（b）远点，下行 TDD+FDD 载波聚合，上行 FDD 单发

图 3.13　将超级上行的载波聚合方案用于上行覆盖增强

3.5　大上行时隙配比调整

　　5G 最大价值在于赋能千行百业，驱动各行各业数字化转型。作为智能社会的基础设施，各行各业都需要 5G。这就意味着将有大量的 5G 专网出现。行业客户基于不同的应用场景，业务需求众多且差异巨大，各种行业通信需求催生 5G 行业专网。各种行业差异化组网的需求包括业务质量保障、业务隔离、低时延、边缘计算、超级上行等。部分行业业务对无线上行带宽有非常高的需求，需要通过无线上行带宽增强方案才能实现。

　　随着面向垂直行业 2B 业务的快速发展，5G 时代将走向万物互联。与面向大众市场的 2C 业务下行大带宽 eMBB 场景不同，部分面向垂直行业的 2B 应用，如无人驾驶、高清视频直播、无人矿山等提出上行大带宽、低时延的极端需求，这对 5G 行业专网的上行能力带来巨大挑战，需要深入研究支撑 5G 行业专网增强上行能力的新特性。

3.5.1　大上行 1D3U 专属帧结构

　　当前 5G 商用网络采用 TDD 模式。在 TDD 模式下，时隙是一种重要的资源。

考虑用户上网主要以观看视频、浏览网页、下载内容等为主，对网络带宽的需求主要集中在下行，无线网络规划将更多的时隙资源分配给下行带宽，让网络的下行峰值速率和容量远大于上行。

为了满足行业应用的上行大带宽需求，最简单直接的办法就是改变当前 5G TDD 系统中的时隙配比。目前 5G 采用 8D2U 和 7D3U 等主流时隙配比方案，分配的下行资源远高于上行。若改变时隙配比，将更多的资源分配给上行，可以提升上行峰值速率和容量。

5G 大上行增强方案基于 4.9GHz 频段 100MHz 带宽基础，通过修改帧结构时隙配比参数，增加上行频谱资源占比，快速提升网络上行承载能力，满足上行特殊场景需求。4.9GHz 大上行增强方案采用 1D3U 专属帧结构，如图 3.14 所示，峰值速率、带宽、边缘速率等上行能力全面提升。

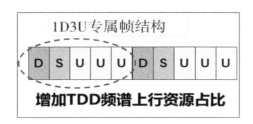

图 3.14　1D3U 专属帧结构

在 2.6GHz（100MHz 带宽）和 4.9GHz（100MHz 带宽）频段上采用时隙配比为 1D3U 的专属帧结构后，相比 8D2U 和 7D3U 下行/上行时隙配比方案，增加了 TDD 频谱上行资源占比，单用户上行峰值速率可达 747Mbps，相对于 7D3U 时隙配比方案（上行理论峰值速率为 375Mbps），峰值速率提升 99.20%。

在实际的垂直行业专网组网方案中，需要充分发挥 2.6GHz 和 4.9GHz 频段协同优势，结合专属帧结构（1D3U）、载波聚合（CA）和全上行等技术手段，分阶段、分场景制定上行增强组网方案，充分满足行业用户大上行业务需求。具体的组网方案如下：

（1）以复用公网为主，业务和网络相互适配，采用宏站方案进行连续广域覆盖。

（2）采用公网专用+定制建网方式，网络适配业务，使用宏站联合微站共同保障覆盖，按需部署 4.9GHz 基站。

（3）采用公网专用+定制建网，网络适配业务，使用分布式皮基站保障覆盖，按需部署 TDD 4.9GHz 微站，采用 4.9GHz 100MHz 专属帧结构，后续引入全上行进一步增强。

3.5.2　应用效果验证

1. 试点选取

选取某市西工奉化街基站作为试点，覆盖周围景区，旅游人员较密集。该旅游区域对于视频聊天、视频直播等上行大带宽业务需求旺盛。

该基站共配置 4 层 LTE 小区（5G 反开 3D-MIMO D3、FDD1800MHz、FDD900MHz、F 频段），1 个 2.6GHz 5G 站点，新增 1 个 4.9GHz 试点；业务量多集中在周末和晚忙时，4G 负荷忙时最高用户数能达到 3968 人，4G 无线利用率为 66%以上。

2. 测试效果

（1）定点测试（好点）上行速率如图 3.15 所示。锁定试点 4.9GHz 第 2 小区，在好点（SS[①]-RSRP=−82dBm，SS-SINR=23dB）测试上行峰值速率：4.9GHz（1D3U）上行峰值速率达到 584.45Mbps，4.9GHz（7D3U）上行峰值速率达到 203.88Mbps，增益为 186.66%。

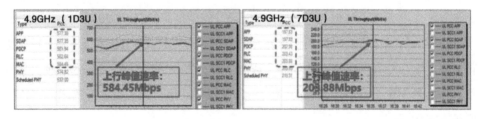

图 3.15　定点测试（好点）上行速率

---

① "SS" 代表 Synchronization Signal，同步信号。

（2）定点测试（边缘）上行速率如图 3.16 所示。锁定试点 4.9GHz 第 2 小区，在差点（SS-RSRP=-102dBm，SS-SINR=12dB）测试边缘上行峰值速率：4.9GHz（1D3U）上行峰值速率达到 77.06Mbps，4.9Hz（7D3U）上行峰值速率达到 37.24Mbps，增益为 106.93%。

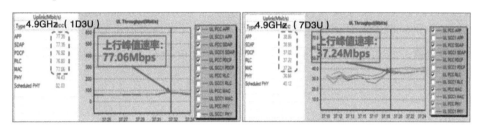

图 3.16　定点测试（边缘）上行速率

（3）单扇区拉远测试如图 3.17 所示。锁定试点第 2 小区，进行单扇区拉远测试。2.6GHz（8D2U）：拉远距离 463m 后切换至其他小区（ 5G 无法锁定小区拉远测试）；4.9GHz（7D3U）：有效覆盖距离为 1002m；4.9GHz（1D3U）：有效覆盖距离为 1014m。4.9GHz（1D3U）拉远距离与 4.9GHz（7D3U）拉远距离基本一致。

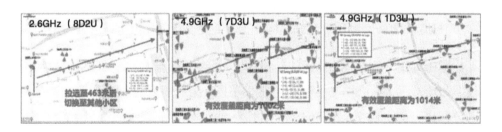

图 3.17　单扇区拉远测试

（4）道路覆盖测试如表 3.1 所示。在 RSRP≥-105dBm 情况下，4.9GHz（1D3U）平均上行速率为 320.07Mbps，4.9GHz（7D3U）平均上行速率为 130.66Mbps，增益为 144.96%；4.9GHz（1D3U）和 4.9GHz（7D3U）的覆盖能力基本一致，但 4.9GHz 的覆盖能力明显弱于 2.6GHz 的覆盖能力，两者相差 20dB。

表 3.1   道路覆盖测试

制式	平均 RSRP（dBm）	平均 SINR（dB）	平均上行速率（Mbps）
2.6GHz（8D2U）	−79.69	14.27	99.02
4.9GHz（7D3U）	−98.42	14.33	130.66
4.9GHz（1D3U）	−101.62	13.21	320.07

（5）室内覆盖测试：锁定试点 1 扇区，针对区域内覆盖良好的某医院进行室内覆盖测试。4.9GHz（1D3U）平均上行速率与 4.9GHz（7D3U）相比，增益达到 19.97%。

3.5.3   大上行方案的技术优势

1. 突破 5G 网络上行能力瓶颈，大幅提升 5G 上行速率

现网试点测试表明，4.9GHz 大上行方案好点上行速率增益为 186.66%，边缘上行速率增益为 106.93%，道路平均上行速率增益为 144.96%，室内平均上行速率增益为 19.97%；4.9GHz 大上行方案可以有效增强 5G 网络上行能力，大幅提升 5G 上行速率。

2. 打造 4.9GHz 频段专属帧结构 1D3U，提供场景化大上行增强方案

4.9GHz 1D3U 专属帧结构可以显著提升网络上行能力，在实际组网中可分频段、分场景引入。公网与专网业务需求不同，若公网和专网采用不同的帧结构时隙配比可能引起交叉时隙干扰，而且不同频段、不同场景的干扰程度不同。全封闭场景中各频段均可按需部署 1D3U 专属帧结构，非全封闭场景则主要考虑 4.9GHz 频段采用 1D3U 专属帧结构时隙配比方案，支撑后期行业专网发展。

3. 满足行业应用大上行需求，助力行业专网快速发展

5G 大上行增强方案以更高的上行速率满足行业应用，满足未来 2B 业务对大上行网络能力的需求。

3.5.4　大上行方案的推广价值

5G 大上行方案的新特性仅需通过修改帧结构时隙配比参数就能实现，部署方案方便快捷，可节约成本。

目前，主流设备厂家（如华为和中兴）已推出 4.9GHz 宏站设备。采用华为海思、高通、MTK 芯片的华为 Mate30 系列和 P40 系列终端已支持 1D3U 专属帧结构。下一步将根据 2B 垂直行业发展情况和政企市场的拓展需求，在 5G 行业专网的组网方案中分场景、分业务推广应用大上行能力增强特性。5G 大上行能力增强应用场景如表 3.2 所示。

表 3.2　5G 大上行能力增强应用场景

大上行主要应用场景	行业网业务		场景特点	
	典型项目	典型业务	行业网业务特点	业务需求示例
室外广域	智慧城市、云游戏、自动驾驶等	安防监控、高清视频/游戏、自动/远程驾驶等	自动驾驶对边缘速率有一定要求，对单用户峰值以及容量要求不高	自动驾驶：边缘速率为 20～30Mbps
室外局域	港口、自动驾驶园区、银行、文旅小镇等	港机远控、自动驾驶、视频监控、VR/AR、机器人等	港机、摄像头密度大，对上行容量要求较高，对边缘速率有一定要求	龙门吊：平均速率为 30Mbps/台；港口容量：450Mbps
室内	工厂、智慧电力/医疗/银行、学校等	视觉检测、高清摄像头、AGV、VR/AR、视频监控、机器人等	行业终端密度大、移动性强，对上行容量和边缘速率要求高，其中机器视觉还对单用户峰值有较高要求	机器视觉质检：平均速率为 200Mbps/台～1Gbps/台；工厂容量：500Mbps 以上；AGV：平均速率为 120Mbps/台；无线视频监控：平均速率为 2～30Mbps/台

3.6   本章小结

5G 要赋能千行百业数字化转型，未来急需灵活的时隙配比、SUL 上行增强、上行载波聚合和新的组网方案，来助力 5G 网络从一人千兆向人人千兆发展，从下行千兆向上行千兆演进。

5G 上行增强覆盖技术包括双连接、补充上行链路（SUL）、载波聚合、超级上行等。不同技术的对比可以参见表 3.3。

表 3.3   5G 上行增强覆盖技术对比

对比项目	双连接	补充上行链路	载波聚合	超级上行	
				补充上行链路方案	载波聚合方案
系统	4G/5G 异系统	异系统/同系统不同频段资源（决定于 SUL 载波获取方式）	同系统不同频段资源	异系统/同系统不同频段资源（决定于 SUL 载波获取方式）	同系统不同频段资源
作用范围	用 4G 弥补 5G 弱覆盖或者无连接的区域	用中低频段补充 5G 中高频段的弱覆盖区域	主、辅载波频率可作用的区域	用中低频段补充 5G 中高频段的弱覆盖区域	主、辅载波频率可作用的区域
是否为同一小区	否	是	否	是	否
覆盖增强能力	近中点：增加容量 远点：增强覆盖	近中点：不变 远点：增强覆盖，降低时延	近中点：增加容量 远点：增强覆盖	近中点：进一步增加容量，降低时延 远点：增强覆盖，降低时延	近中点：进一步增加容量 远点：增强覆盖
频率资源占用	4G 和 5G 占用的频率资源单独占用，不可共享	作为 SUL 的中低频仅占用上行，可以独有，也可以共享	上下行频段同时占用，不可共享	作为 SUL 的中低频仅占用上行，可以独有，也可以共享	上下行频段同时占用，不可共享
信令开销	增加少量信令开销	增加少量信令开销	增加较多信令开销	增加少量信令开销	增加较多信令开销

第 4 章

5G 下行增强技术

5G NR 冻结的标准主要分为两个阶段：第一阶段 R15 版本完成了一系列基础设计，主要满足 eMBB 业务需求，构筑起 5G NR 的基础竞争力，从而提升峰值速率、用户体验速率、流量密度、频谱效率及移动性。但 R15 版本在大规模天线码本设计、高低频组合载波聚合、网络覆盖、移动性支持等下行增强能力方面还存在很大的优化扩展空间。第二阶段 R16 版本增强的主要方向为传统 eMBB 业务增强和垂直行业使能扩展，涉及大规模天线增强、载波聚合、5G 非授权频段接入、移动性管理、超高可靠性、低时延增强等。通过 R16 版本的全面持续增强，5G 将提供更强的网络覆盖能力，以及更高的传输速率、更低的接入与传输时延，力求满足所有应用场景需求，在网络能效、时延、可靠性及连接密度等指标上达到ITU 的要求。

4.1 载波聚合

4.1.1 技术原理

随着 5G 市场的快速商用推广，运营商间的竞争压力逐渐增大，在 5G 万物互联时代，5G 将会全面渗透到各行各业中。高速率的 5G 精品网络是抢占市场的王牌之一。当前，提高空口速率最直接的方法是增加系统带宽资源，5G 通过载波聚合方案增强下行速率，改善 eMBB 用户的体验感知。

载波聚合（Carrier Aggregation，CA）通过将多个连续或非连续的载波聚合成带宽更大的频谱资源，在提高频谱利用率的同时，使用户获得更高的峰值速率体验，进一步提升网络容量和用户感知。以中国移动为例，目前 5G NR 主力频段包括 2.6GHz（100MHz 带宽）和 4.9GHz （100MHz 带宽），通过载波聚合形成 200MHz 系统带宽，如图 4.1 所示。

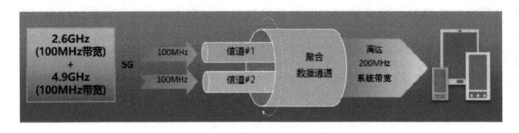

图 4.1   通过载波聚合形成 200MHz 系统带宽示意图

4.1.2   测试验证

选取某乡政府基站-1 扇区作为试点，测试下行载波聚合应用。同时开通 5G NR 2.6GHz（100MHz 带宽）和 4.9GHz（100MHz 带宽）小区，主要覆盖政企单位、城乡规划展览馆等场景。试点人流量、业务量较高，属于 5G 高流量热点区域。特性功能开通后，进行现场测试，下行速率验证达到了预期效果。

在开启 5G NR 2.6GHz（100MHz 带宽）与 4.9GHz（100MHz 带宽）小区载波聚合特性功能后，好点测试下行峰值速率达到 2.84Gbps，增益为 100%左右，效果符合理论预期。

下行载波聚合测试验证情况如图 4.2 所示。

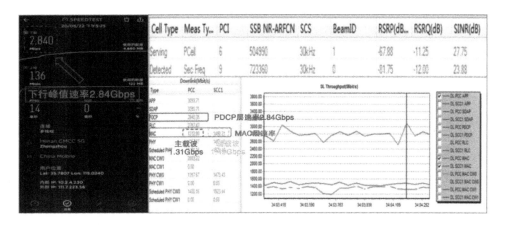

图 4.2　下行载波聚合测试验证情况

4.1.3　技术优势

（1）突破频谱资源瓶颈，提升 5G 网络业务整体承载能力。

下行载波聚合有效利用了 4.9GHz（100MHz 带宽）频谱资源，进一步提升了用户的下行峰值速率。

（2）增强市场竞争力，打造 5G 行业制高点。

5G 下行载波聚合可明显提升下行峰值速率，解决当前由频谱带宽资源受限带来的挑战。下行载波聚合建议在有 5G 网络体验的区域推广应用，如营业厅、高铁和机场等面向广大客户开放的 5G 体验厅。开启 5G 下行载波聚合功能可在增强市场竞争力的同时，打造 5G 行业制高点，对促进 5G 网络的发展和信息化业务发展有着重要意义，具有广泛推广应用价值。

4.2　5G NR-U 非授权频段接入技术

4.2.1　5G NR-U 定义

随着移动通信业务量的不断增长，授权频段资源的短缺问题日益显现，使用非授权频段的必要性不断提高，各种非授权频段接入技术也不断涌现。2020 年 7 月冻结的 3GPP R16 版本已支持基于 NR 的非授权频段接入（NR Unlicensed，NR-U）技术，使用 NR 协议在非授权频段提供接入服务，作为 5G NR 技术的扩展和补充。

5G NR-U 被定义为工作在非授权频段的 5G 新空口技术，在满足无线电管理部门监管规则的条件下，无须经主管机关授权即可使用的频谱。目前公众移动通信网络均使用授权频谱，授权频谱由各国电信或频率管理部门分配授权或拍卖，在授权频谱范围内，监管部门不允许其他无线网络使用，以确保工作在授权频段的移动通信网络的质量和安全。授权频谱是移动通信运营商的重要资源，有效利用无线频谱资源已成为移动通信技术发展的重要推动力。尽管 5G 技术的频谱效率比 4G 高 3～4 倍，但随着高清视频、增强现实（Augmented Reality，AR）/虚拟现实（Virtual Reality，VR）等业务不断增长，原有的授权频段资源已不能满足需求，因此必须寻求 5G 在非授权频段上的应用部署方案。

4.2.2 5G NR-U 组网方式

在 3GPP R16 版本里定义的 NR-U，拓展了 5G 的应用领域，即主要由通信运营商之外的实体部署与运营，在小范围内提供私有网络服务。例如制造商、机场、体育馆、有线电视运营商，都可以接入 5G 网络。

R16 版本定义了两种 NR-U 组网的方式：NR-U LAA 3GPP R16（混合组网方式）和 NR-U SA 3GPP R16（独立组网方式）。

NR-U LAA（Licensed Assisted Access，授权频段辅助接入）混合组网的技术原理类似于双连接。如图 4.3 所示，首先，将 5G 授权频段作为锚点，并定义为主服务小区（Primary Serving Cell，PCell），PCell 传送控制信令和高优先级保障数据；其次，将非授权频段定义为辅小区（Secondary Serving Cell，SCell），SCell 只能传送数据。控制面由 5G 负责，可充分利用无线保真（Wireless Fidelity，WiFi）等非授权频段进行用户面数据传输，从而大幅提升上下行速率。

图 4.3　NR-U LAA 示意图

NR-U SA 将权限下放给 5G 私有网络，私有网络只要符合 3GPP 规范接口，就可以接入 5G 网络，行业用户可在公众频段上建设 5G 私有网络，如图 4.4 所示。

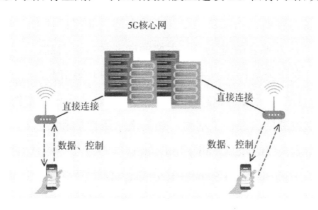

图 4.4　NR-U SA 示意图

采用 NR-U SA 方案后，5G 网络便于被扩展到非授权频谱领域，其优势如下：

（1）缓解运营商 5G 组网的压力，极大减少投入。

（2）各行业应用快速接入，促进万物互联。

（3）保障行业用户自有网络的私密性。

（4）缓解人口密集区域 5G 频谱资源不足问题。

4.2.3　5G NR-U 技术的部署场景

根据 3GPP 的相关规范，5G NR-U 技术的部署场景分为 5 类：

场景（a）：在许可频段 NR（PCell）与 NR-U（SCell）两个基站的载波聚合（CA），NR-U SCell 同时具备上行和下行链路，或者只有下行链路。

场景（b）：在许可频段 LTE（PCell）和 NR-U（SCell）之间双连接（DC）。

场景（c）：NR-U 独立部署（SA）不依赖授权频段的基站。

场景（d）：NR 小区下行（DL）工作在授权频段，上行（UL）工作在非授权频段。

场景（e）：授权频段 NR（PCell）和非授权频段 NR-U（SCell）之间的双连接（DC）。

典型的 5G NR-U 部署场景如图 4.5 所示，其中场景（a）、场景（b）、场景（d）、场景（e）为传统运营商公网部署场景，可以支持以非授权频谱作为授权频谱的补充。而场景（c）作为独立部署场景，主要面向非传统运营商，尤其是没有授权频谱的非传统运营商和垂直行业应用（如工业互联网）等情况。

NR-U 的设计思路沿用了 5G NR 技术。为了满足非授权频谱使用的监管要求，NR-U 针对无线关键技术进行了增强，如信道占用评估和接入机制、信道占用策略和信道质量指示（Channel Quality Indicator，CQI）、初始化接入策略、混合自动请求重发（Hybrid Auto Repeat Request, HARQ）和 MAC 调度策略、上行信号频谱变换等。3GPP 即将全面发布 NR-U 的相关标准，将促进 5G 行业应用的普及，给中小企业或个人发展带来很多潜在机会。

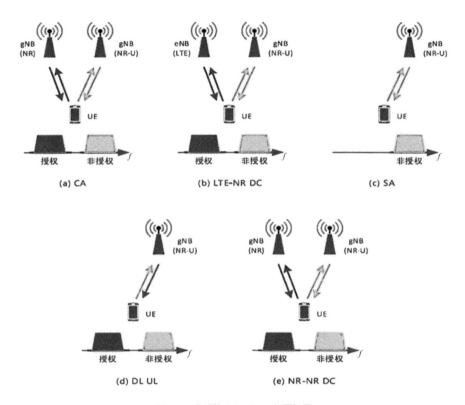

图 4.5　典型的 5G NR-U 部署场景

4.3　4G/5G 动态频谱共享

4.3.1　概述

频谱资源是信息技术的重要载体，随着 5G 网络的快速发展，无线设备数量大幅增长，对频谱资源需求的增长也急剧上升。网络面临局部热点区域 4G/5G 业务量不均衡的问题。如何更有效地利用现有的频谱资源提升频谱利用率和业务承载量，进一步推动 4G/5G 协同发展对后期网络规划至关重要。

4.3.2　4G/5G NR 动态频谱共享技术

4G/5G 动态频谱共享通过 NR 重配置激活部分带宽（Bandwidth Part，BWP）和 LTE 的小区静默，支持 LTE TDD 和 NR 制式间的动态频谱共享，在同一时间内共享载波只能用于其中一个制式。

以中国移动的 5G 网络为例，采用 2.6GHz 频段共 160MHz 带宽，通过 NR 配置 100MHz 的系统带宽，在 4G 高业务量区域，LTE 侧最大可配置 5 载波单元 (Component Carrier，CC)，其中 4G/5G 共享频谱 40MHz（D1/D2）。当 NR 网络的话务量低于门限值时，NR 网络可以同 LTE TDD 小区共享频谱资源：5G 侧 NR 小区通过降低可调度资源块数来释放频谱资源，4G 侧通过对 LTE 小区激活来实现占用共享频谱；当 LTE TDD 网络的话务量低于门限值时，LTE TDD 网络可以同 NR 小区共享频谱资源，5G 侧 NR 小区增加可供调度的物理资源块（Physical Resource Block，PRB）数量，提升 5G 业务承载能力，4G 侧通过对 LTE 小区静默来释放共享频谱。2.6GHz 频谱共享策略示意图如图 4.6 所示。

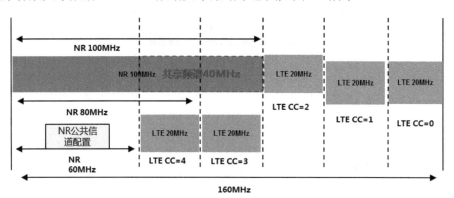

图 4.6　2.6GHz 频谱共享策略示意图

LTE 与 5G NR 频谱共享的关键技术包括：

（1）基于业务需求的 LTE 和 NR 自动带宽配置：系统检测 LTE 和 NR 负载情况，网络以 20MHz 带宽粒度自动选择 LTE 或 NR 增加带宽配置，兼顾 NR 高速用户体验和 LTE 容量。

（2）LTE 载波静默态：基于 LTE 载波静默态的假激活/去激活技术，LTE 和 NR 载波切换时间由分钟级减小为 10ms 量级。

（3）功率随频谱共享：通道功率配置与频谱带宽资源的配置同步增减。

LTE 与 5G NR 频谱共享机制包含以下两方面：

（1）当 LTE TDD 和 5G NR 动态共享频谱时，LTE 侧通过对 LTE 小区静默或激活来实现释放或占用共享频谱，如图 4.7 所示。因此，LTE 小区的信道和信号配置没有变化。

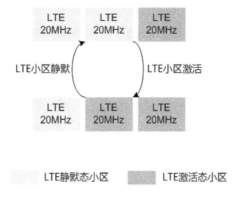

图 4.7　LTE 小区静默与激活

　普通的 LTE 小区去激活或激活过程（含通道校正）的时长为分钟级。在频谱共享过程中，则通过对 LTE 小区实施静默态，实现 LTE 小区 10ms 量级的快速激活或去激活。静默态仅涉及 LTE 小区的业务信道、导频信道和广播信道，而且静默后的 LTE 小区只保留通道校正能力。

（2）5G NR 小区的基本信道和信号配置在独享频谱内，BWP0 包含在 NR 独享频谱内。NR 小区的其他信道配置在 BWP1 内。BWP1 代表该时刻 NR 小区的实际可用带宽，包括 60MHz、80MHz 或 100MHz。5G NR 频谱带宽如图 4.8 所示。

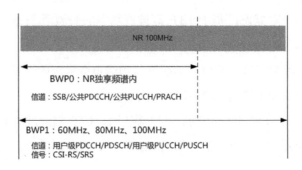

图 4.8　5G NR 频谱带宽

以华为公司的设备为例，开启 4G/5G 动态频谱共享特性后，当 5G NR 小区使用共享频谱或出让共享频谱时，NR 小区需要更新可供调度的 PRB 数量，并通过重配置 UE 激活的 BWP 实现。

如图 4.9 所示，LTE TDD 和 5G NR 动态频谱共享的总体流程主要包含 4个步骤：

① LTE 和 NR 小区分别上报负载情况；

② LTE 和 NR 小区分别判决共享状态；

③ LTE 和 NR 小区频谱共享判决；

④ LTE 和 NR 小区频谱共享执行。

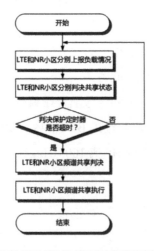

图 4.9　LTE TDD 和 5G NR 动态频谱共享的总体流程

4G/5G 动态频谱共享技术的优势如下：

（1）最大化频谱效率，促进 4G/5G 网络协同发展。

4G/5G 动态频谱共享技术利用制式间和频段间的话务量差异及潮汐效应，根据实时的业务需求，动态调整分配 LTE 和 NR 所占的空口资源，在时域和频域两个维度上实现灵活的资源共享，有效提高频谱利用率，兼顾 4G 持续增长的容量需求和 5G 用户的极致体验需求，促进 4G/5G 网络协同发展。

（2）有效解决热点区域 4G/5G 业务不均衡的网络难题，改善用户感知。

以中国移动 5G 建设整体策略为例，5G NR 部署 100MHz 带宽，LTE 优先通过移频使用 D3/D7/D8 载波，当部分热点区域 LTE 容量不足时，将启用 4G/5G 动态频谱共享方案增加 D1、D2 共享载波，补充 LTE 容量。4G/5G 动态频谱共享方案兼顾 LTE 容量和 NR 用户体验，可以有效解决热点区域 4G/5G 业务不均衡的网络难题，改善用户感知。

（3）降低网络建设成本、增强市场竞争力，助力 5G 精品网络建设。

4G/5G 动态频谱共享技术在不增加硬件设备的情况下（仅需新功能 License），能够经济、快捷、高效地解决热点区域 4G/5G 业务不均衡的网络难题，在降低网络建设成本的同时提高整体网络业务承载量，为打造 5G 精品网络、增强市场竞争力提供有力保障。

4.3.3　测试验证

选取某市民俗文化村为试验区域，场景内业务量集中在周末和晚忙时，4G 负荷忙时最高用户数达到 2000 人以上，4G 无线利用率达 90%以上。但 5G 用户目前偏少，潮汐效应明显，通过采用 4G/5G 动态频谱共享技术测试解决忙时高负荷问题的效果。在 5G 侧配置 100MHz 带宽，在 4G 侧配置 4CC（4 载波单元）和 5CC（5 载波单元）两种方案。

4G/5G 可以共享使用最大 40MHz 载波带宽资源。LTE 和 5G NR 共享参数配置如表 4.1 所示。

（1）共享载波资源 40MHz：共享载波 D1（20MHz 带宽）+共享载波 D2

（20MHz 带宽）。

（2）采用公平原则按需分配，判决周期为 20min。

（3）在公平原则下设置网络负荷判决参数。

LTE 高负荷：平均用户数大于 65 个，或 PRB 利用率门限大于 65%，且 5G NR 低负荷。系统判定 LTE 共享增加 20MHz 带宽资源，如果仍满足该条件，则继续申请增加 20MHz 带宽资源。

LTE 低负荷：平均用户数小于 65 个，且 PRB 利用率门限小于 15%，则不占用共享带宽。

5G NR 高负荷：PRB 利用率门限大于 40%，且 LTE 低负荷。如果 5G NR 当前配置带宽 60MHz，系统判定共享增加 20MHz 带宽资源。如果仍满足该条件，则继续申请 20MHz 带宽资源。

5G NR 低负荷：PRB 利用率门限小于 40%，5G NR 共享出 40MHz 带宽资源，在公平原则下，若 4G/5G 均满足低负荷门限则保持原状。

表 4.1　LTE 和 5G NR 共享参数配置

网络	用户数门限	用户数偏置	PRB 利用率门限	PRB 利用率偏置	判决周期
LTE	50	15	50%	15%	20 分钟
5G NR	—	—	30%	10%	—

另外，其中共享载波 D1 功率配置 24W，共享载波 D2 功率配置 24W。

1. 5G 不同带宽下拉网速率验证

（1）LTE 重载场景：将共享载波 D1、D2 分配给 4G，5G NR 生效 60MHz 带宽。如图 4.10 所示，在 4G 网络重载时，5G 占用 60MHz 带宽，后台通过指令查询 5G 网络当前可用 RB 数为 164 个，现场路测 5G 平均 RSRP 为-72.08dBm，路测平均下载速率为 518Mbps，路测平均上传速率为 70Mbps。

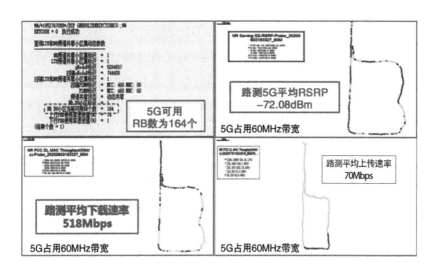

图 4.10 5G 不同带宽下拉网速率验证（LTE 重载场景）

（2）LTE 中载场景：将共享载波 D1 分配给 5G，共享载波 D2 分配给 4G，5G NR 生效 80MHz 带宽。如图 4.11 所示，在 4G 网络中载时，5G 占用 80MHz 带宽，后台通过指令查询 5G 可用 RB 数为 219 个，现场路测 5G 平均 RSRP 为-73.59dBm，路测平均下载速率为 616Mbps，路测平均上传速率为 87Mbps。

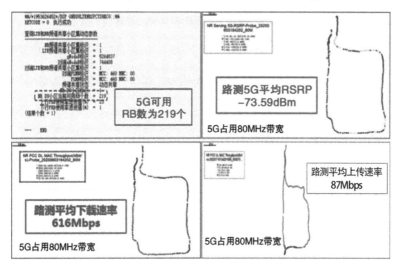

图 4.11 5G 不同带宽下拉网速率验证（LTE 中载场景）

（3）LTE 轻载场景，将共享载波 D1、D2 分配给 5G，5G NR 生效 100MHz 带宽。如图 4.12 所示，在 4G 网络轻载时，5G 占用 100MHz 带宽，通过后台指令查询 5G 可用 RB 数为 273 个，现场路测 5G 平均 RSRP 为-72.83dBm，路测平均下载速率为 883Mbps，路测平均上传速率为 103Mbps，NR 在各带宽下的网络覆盖能力一致。

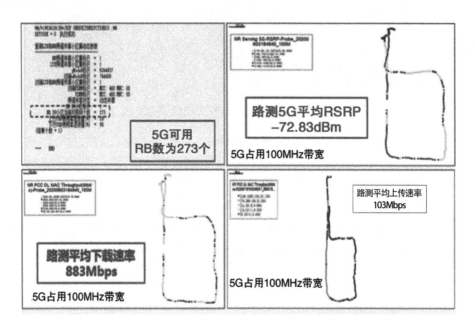

图 4.12　5G 不同带宽下拉网速率验证（LTE 轻载场景）

2. NR 速率爬坡时延验证

NR 速率爬坡时延被定义为当 NR 变更带宽后，在新的带宽下速率达到峰值的时间，测试目的在于评估带宽变化对用户体验感知的影响。具体测试情况如图 4.13 所示。

（1）LTE 出让 20MHz 频谱，5G NR 占用带宽为 80MHz，NR 速率爬坡时延小于 10s。

（2）LTE 出让 40MHz 频谱，5G NR 占用带宽为 100MHz，NR 速率爬坡时延小于 10s，NR 带宽的变更不影响用户感知。

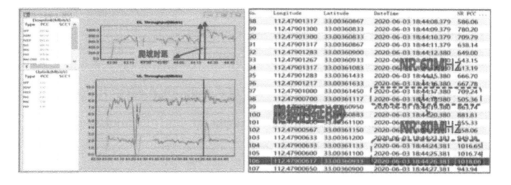

（a）LTE 出让 20MHz 频谱

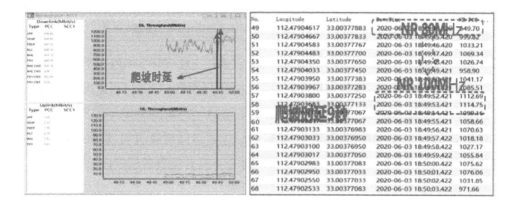

（b）LTE 出让 40MHz 频谱

图 4.13　NR 速率爬坡时延验证测试情况

3. 动态频谱共享开启前后 KPI 对比

（1）在 4CC 配置情况下，4G/5G 动态频谱共享开启前后 KPI 对比如图 4.14
所示。基础 KPI 指标稳定，指标取自开通前后五天的日均值。LTE 日流量提升 43.74%
（175.6GB→252.4GB），LTE 下行用户感知速率提升 1 倍（7.43Mbps→14.86Mbps），
LTE 忙时-下行 PRB 利用率降低 33.47%（76.63%→43.16%），LTE 忙时-上行 PRB
利用率降低 22.10%（79.45%→57.35%），该区域流量压抑得到释放。

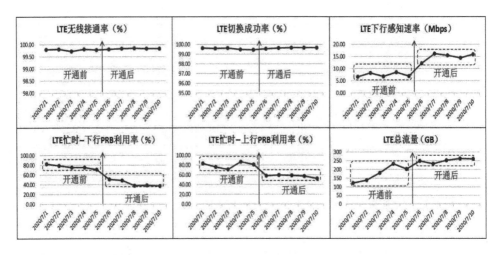

图 4.14　4G/5G 动态频谱共享开启前后 KPI 对比（4CC 配置）

（2）在 5CC 配置情况下，4G/5G 动态频谱共享开启前后 KPI 对比如图 4.15
所示。基础 KPI 稳定，指标取自开通前后五天的日均值。LTE 日流量提升 71.40%
（175.6GB→300.98GB），LTE 下行感知速率提升 143.74%（7.43Mbps→18.11Mbps），
LTE 忙时-下行 PRB 利用率降低 45.38%（76.63%→31.25%），LTE 忙时-上行 PRB
利用率降低 29.18%（79.45%→50.27%），相对于 4CC 配置各项指标均有增益。

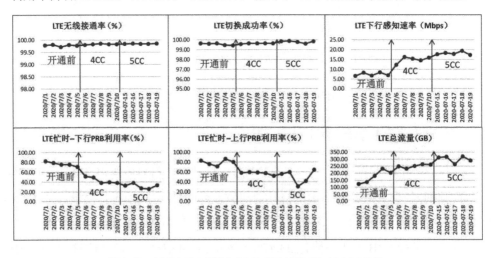

图 4.15　4G/5G 动态频谱共享开启前后 KPI 对比（5CC 配置）

4. 测试结论

通过试点测试验证，4G/5G 动态频谱共享新功能可以有效提升频谱资源利用率，提升整体网络业务承载。在不增加硬件设备的情况下（仅需新功能 License），有效解决试验区域 4G/5G 业务不均衡的网络难题。

4.4　Massive MIMO 技术增强

4.4.1　Massive MIMO 技术原理

作为 5G 移动通信的关键技术之一，Massive（大规模）MIMO 无线通信技术近年来受到广泛关注。利用 Massive MIMO 天线阵列的空间自由度，在同一时频资源上抑制用户间干扰，真正实现多用户 MIMO 传输，大幅提升系统频谱资源的利用率。基站配置大规模天线阵列所提供的分集和阵列增益，使得每个用户与基站之间通信的功率效率得到显著提升。Massive MIMO 是 5G 中提升网络覆盖、用户体验、系统容量的核心技术。与传统设备的 2 天线、4 天线和 8 天线配置相比，采用 Massive MIMO 技术的通道数可达 32 个或者 64 个，天线振子数可以达到 192 个或 512 个，增益远超传统天线。

Massive MIMO 技术包括 MU-MIMO 和 SU-MIMO。多个用户之间配对复用相同的时频资源从而实现多流传输的技术被称作 MU-MIMO（多用户 MIMO）；而一个用户内部的多流传输则为传统的 SU-MIMO（单用户 MIMO）。目前主流的 5G 手机能支持 4 天线接收，因此可以和基站形成最多 4 条独立的传播路径，也就是对于单个手机来说，SU-MIMO 最多可支持 4 流传输。5G 有源天线处理单元（Active Antenna Unit，AAU）可以同时实现 MU-MIMO 和 SU-MIMO 两种方式，使整个小区的流量最大化。

Massive MIMO 系统示意图如图 4.16 所示。

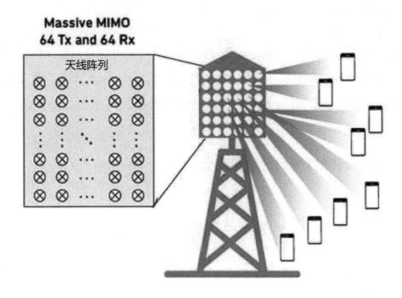

图 4.16　Massive MIMO 系统示意图

在进行 5G 网络覆盖规划时，传统设备主要关注和满足水平方向网络覆盖情况，信号辐射形状是二维电磁波束。Massive MIMO 在水平维度空间覆盖的基础上增加垂直维度空间的覆盖，信号辐射形状是灵活的三维电磁波束。Massive MIMO 深度挖掘空间维度资源，使得基站覆盖范围内的多个用户在同一时频资源上，利用大规模天线阵列提供的空间自由度同时与基站进行通信，提升频谱资源在多个用户之间的复用能力，从而在不需要增加基站密度和增大带宽的条件下大幅提高网络容量。

4.4.2　5G 网络覆盖中的 Massive MIMO 技术应用

Massive MIMO 技术以其强大的波束赋形能力成为 5G 网络中的核心技术。从全场景覆盖到全空间体验，再到全价值的挖掘，Massive MIMO 在网络的各个阶段中发挥着重要作用，为网络的持续发展和价值运营保驾护航。5G 网络覆盖的发展可分为三个阶段。

阶段一：全场景覆盖，网络覆盖与场景精准匹配。

主要解决各种场景下的网络覆盖问题，5G 网络覆盖从业务密集的城区开始逐步向外拓展与辐射。密集城区中无线环境非常复杂多变，有高楼林立的商业中心，有高低错落的各类商业综合体，有商业中心与居民区紧密结合的复合式社区，也有广场、城市主干道等无线环境迥异的场景。Massive MIMO 波束覆盖方案需要精准匹配各种场景特征，为后续的用户体验优化和价值挖掘等奠定坚实的基础。

阶段二：全空间体验，以用户为中心，提供随时随地的优质体验。

针对用户的体验进行优化，弥补弱场环境下的体验短板，从而提供随时随地的优质体验。一般来说，用户距离基站越远，能接收到的信号越弱，根据资源调度算法，能给予信号弱的用户的资源也较少，用户速率较低，小区边缘也因此成为网络中典型的弱场环境。Massive MIMO 可形成更精准、能量更聚焦的波束赋形，一方面能增强边缘用户的信号强度，另一方面能降低信号对邻区的干扰，从而显著改善边缘用户速率体验。另一个用户体验洼地出现在高速移动场景。Massive MIMO 系统的优势建立在基站拥有质量可靠的信道状态信息的基础上，需要通过信道估计等算法及时获取准确信道状态信息。在中高速移动环境下，用户与基站间的相对运动导致当前的信道与信道状态信息检测时的信道相比发生了较大的变化，出现了信道估计误差，对用户体验速率产生了较大的负面影响。网络需要能精确、及时地检测到中高速移动环境下的信道状态信息，并匹配相应的算法策略和参数配置，如缩短参考信号的发送周期、提高信道状态信息的反馈速度及精度，使得业务信道赋形更精准从而保证用户体验。

针对一些有低时延特性的业务，比如大型交互类游戏或者特殊场景的机械臂控制等，也需要依据业务的特性有针对性地优化。例如，低时延业务的用户优先采用 SU-MIMO 方式发送数据，减少 MU-MIMO 配对干扰可能引起的重传。

阶段三：全价值挖掘，在有限频谱下挖掘网络容量，提升精细化业务服务能力。

随着用户数量和业务类型均呈爆炸式增长，5G 网络进入最具价值的阶段。该阶段主要解决如何在频谱受限的情况下进一步挖掘空间维度的问题，以满足接入用户数和业务的增长趋势。同时随着网络的逐步成熟与各类业务应用的丰富,用户行为相对稳定,可通过差异化 QoS 管理与智能资源分配,提供精细化用户级服务能力,聚焦高价值用户,充分挖掘网络的长期经营潜力。例如,对于用户密集区域,通过对 MU-MIMO 空分复用算法的优化,增加并发用户数,提升传输效率,同时减少网络处于数据发送状态的时长,降低网络能耗;对于运动轨迹相对固定的用户,选择最佳的切换路径,保障用户体验的平滑性;对于潮汐效应明显的业务区域,采用智能波束管理策略,使波束始终对准业务价值区域和价值用户,提升网络运营效益。

Massive MIMO 在 5G 网络发展各阶段应用的关键点如表 4.2 所示。

表 4.2 Massive MIMO 在 5G 网络发展各阶段应用的关键点

网络发展阶段	部署目标	主要特点	挑战与问题	技术应用关键点
全场景覆盖	网络覆盖与场景精准匹配	整网负荷不高;密集城区/城区/景点覆盖优先,逐步扩展到低密度地区/郊区	多样化场景的覆盖,尤其是高层写字楼、高低错落的商业综合体等;解决各类干扰问题	SSB 设置的准确性与智能化;降干扰
全空间体验	以用户为中心,提供随时随地的优质体验	用户数逐步增加,用户行为和业务类型逐渐丰富;易发现用户体验短板	已知弱覆盖环境下用户体验提升,如小区边缘、高速移动场景等;其他体验维度的优化,如时延等	波束精准赋形,控制小区内/小区间干扰;参考信号/解调信号的合理配置,使得反馈信息更及时准确,业务信道赋形更精准
全价值挖掘	在有限频谱下挖掘网络容量,提升精细化业务服务能力	用户数爆发式增长,容量能力成瓶颈;价值业务倾向愈发清晰	支持更多用户、更多业务的接入;聚焦高价值用户,充分挖掘网络的长期经营能力	控制信道与业务信道的空分复用,提升容量;差异化 QoS 管理与智能资源分配,提供精细化用户级服务能力

4.4.3 Massive MIMO 关键核心技术

在 5G 发展的三个阶段中,Massive MIMO 分别采用不同的关键技术,确保 5G 可持续发展。

(1)在全场景覆盖阶段,采用多波束与波束赋形,奠定更优的覆盖基础。

　　传统 2G/3G/4G 制式无线网络广播控制信道的发送和覆盖方式基本相同，都是通过一个宽波束覆盖整个目标区域。5G 引入了大规模天线阵列技术，通过天线阵列中所有天线振子和射频发射通道的共同作用，使得 5G SSB（Synchronization Signal and PBCH Block，同步信号和 PBCH 块）具备窄波束赋形能力。另外，SSB 可以和物理下行共享信道（Physical Downlink Share Channel，PDSCH）协同，通过波束赋形形成窄波束，并支持多个窄波束在时域和空间域扫描发送，从而实现 SSB 与 PDSCH 相同的覆盖性能，以及水平+垂直维度的三维立体灵活覆盖形式。

　　SSB 可以选择不同的发送方式，主要包括以下几种：

　　① SSB 采用单个固定宽波束发送，与相邻小区 SSB 在时频资源位置上错开发送。

　　② SSB 采用单个固定宽波束发送，与相邻小区 SSB 在相同资源位置上发送。采用这种方式会增加干扰，但相对节约资源。

　　③ 多波束轮扫，多波束 SSB 在时域内错开发送，对准需要的空间域方向扫描发送。这样既保证了每一个 SSB 波束能量集中对准各自的方位，又可避免相邻小区之间的 SSB 波束间干扰。这是目前 5G 普遍使用的 SSB 配置方式。

　　多波束 SSB 相对单波束 SSB 的覆盖有显著增益。在某外场 1 的连片区域道路测试中，水平 8 波束（窄）相对水平单波束（宽）覆盖的 RSRP 提升 7～8dBm，SINR 提升 7～8dB。其中，在单波束覆盖性能最差的 5%区域，采用多波束覆盖后，RSRP 提升 13～14dBm，SINR 提升 7～8dB。在外场 2 的连片区域道路测试中，水平 7 波束（窄）相对水平单波束（宽）覆盖的 RSRP 提升 6dBm，SINR 提升 6dB。

　　支持 Massive MIMO 技术的五维天线权值包括水平波束宽度、垂直波束宽度、水平方位角、垂直俯仰角，以及 SSB 波束个数。SSB 波束的五维天线权值加上波束、小区、小区簇的组合，将会带来上万种组合。在 5G 规划优化方案中，SSB 波束权值需要进行高效自动优化。

　　在基站初始部署完成后，根据小区内用户分布、流量分布的变化，以及重叠覆盖、弱覆盖、过覆盖小区状态，高效精准地完成天线权值的优化以改善网络覆盖性能。首先,基于用户终端测量报告(MR)上报的到达方向(Direction of Arrival, DOA)信息以及小区 RSRP 覆盖强度,建立小区用户分布相对位置坐标系,对用户分布位置进行建模,从而获取用户相对基站天线的三维位置分布模型。其次,根据用户分布对天线权值进行自动调优,最终使信号聚焦在用户分布集中的区域。这种基于用户的实际位置分布智能化实施权值优化的方案,通过引入 AI 算法、权值组降维和局部最优等多种技术举措,快速收敛确定最优天线权值,达到"一站一场景一策"的效果,实现区域级覆盖最优。SSB 最优天线权值的智能优化流程如图 4.17 所示。

5G 网络从水平多波束基础覆盖向全场景立体覆盖演进。面对高楼林立的密集城区的场景,多波束 SSB 覆盖不仅需要考虑水平覆盖,还需要兼顾垂直覆盖。如图 4.17 所示,全场景立体覆盖方案以 1 个功率增强的宽波束形成基础覆盖,并在时域上实现相邻小区之间错开发送,达到与多波束基本相当的水平维度覆盖性能;同时按需配置 N 个垂直窄波束或宽波束,提升垂直覆盖率,大幅度增强高层楼宇的覆盖性能。

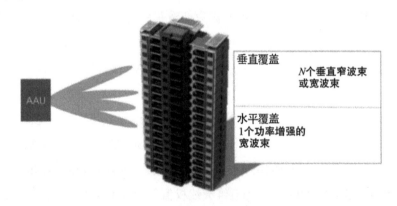

图 4.17   全场景立体覆盖方案

全场景立体覆盖方案具备以下三方面的优势:

① 在保证水平维度覆盖性能的基础上,增强垂直维度覆盖能力,1 个宽波束保证稳定的水平基础覆盖,结合场景自适应的功率增强,达到与水平多波束相当的覆盖性能。同时根据需要配置垂直维度上的 N 个可宽可窄的波束,灵活匹配立

体覆盖需求。

②　采用更精简的 SSB 波束配置，节省资源，降低功耗（相对于水平多波束来说），全场景立体覆盖方案的 SSB 波束配置数量有所减少，在不影响覆盖性能的基础上，降低了接入资源的开销占比，增加了可用业务信道资源；同时，SSB 波束的时隙占空比降低，在轻载时段开启符号关断等节能功能时，可进一步降低设备能耗。

③　有效规避干扰。在时域上错开发送功率增强的单个宽波束 SSB，可有效解决服务小区与相邻干扰小区之间的 SSB 相互干扰问题。

在某外场选取包括高层楼宇、室外路面以及连片组网等在内的多个场景，针对全场景立体覆盖方案进行验证。测试结果表明，功率增强的 1 个水平宽波束可达到与 8 波束基本相当的水平覆盖性能，灵活的 N 个垂直波束配置将高楼覆盖率提升 30% 以上。相对水平 8 波束方案，该方案在高负荷网络条件下，接入容量提升 30%，容量提升 5%，在低负荷网络条件下可将设备能耗降低 10%。

（2）在全空间体验阶段，采用 SU-MIMO 与场景化算法增强，实现随时随地的最佳用户体验。

SU-MIMO 通过上下行多流的空分复用增强单用户上行和下行性能体验。针对 2T4R 的商用终端，5G 网络下行 PDSCH 最多支持 4 流，物理上行共享信道（Physical Uplink Shared Channel，PUSCH）最多支持 2 流。通过流数最大化和提升每流的频谱效率，SU-MIMO 算法可以实现单用户极致性能体验。

随着移动网络技术的不断发展和业务需求的不断提升，网络需要保障用户随时随地拥有优良的用户感知和业务体验，如在小区边缘等覆盖较差的场景及高速移动场景的用户体验。

①　增强小区边缘的用户体验。

在移动蜂窝小区边缘，服务小区与相邻小区的 SSB 形成较为复杂的干扰环境，在小区边缘区域，用户波束赋形的业务信道之间同样存在干扰的可能性。因此，在信号强度本身较弱的小区边缘，需要规避或降低 SSB 和业务信道的波束赋形干扰、改善和增强小区边缘的用户体验。在小区近点和中点，无线网络条件良好，终端上行发射功率不受限，上行 SRS（Sounding Reference Signal，探测参考信号）可很好地被基站接收，因此基于 SRS 信道互易性的下行业务信道波束赋形，将获得更优的单用户下行性能体验。而在小区的远点（边缘区域），无线网络条件较差，终端的上行 SRS 基站无法准确收到，不能利用 TDD 上下行信道互易性获得下行信道状态指示（Channel State Indicator，CSI），从而进行波束赋形。此时需要采用预编码矩阵指示（Precoding Matrix Indicator，PMI）闭环反馈机制获得下行业务信道波束赋形的 CSI 参数。终端通过接收基站下发的 CSI-RS 参考信号，通过信道估计计算出 CSI（其中包含 PMI、CQI、RANK 流数等信息），并反馈给基站，由基站完成下行业务信道的波束赋形。因此在小区边缘基于 PMI 闭环反馈机制的波束赋形性能更优。基站需要先判断终端所处的位置和无线条件，通过引入自适应的 SRS/PMI 下行波束赋形机制，实现整个小区范围内的单用户性能体验最优化。

② 保障高速移动场景下的用户体验。

随着交通工具的现代化发展，用户移动性场景越来越多，用户的平均移动速度也在加快。以 5ms 为周期的 SRS 可支持的移动速度为基线，随着移动速度的加快，可自适应调整 SRS 反馈周期，比如 2.5ms 或 1ms 等更短周期的 SRS 可支持 2 倍或 5 倍的移动速度。相对于 4G 固定 DMRS（Demodulation Reference Signal，解调参考信号）的方式，通过动态调整 DMRS，缩短信道状态的反馈周期，可支持更高的移动速度。以预置 1 个 DMRS 支持 30km/h 的移动速度为基线，自动额外插入 1～3 个 DMRS，分别可支持 30～120km/h、120～300km/h、300～500km/h 的移动速度。

③ 改善和提升高速移动场景下的业务感知。

• 针对移动用户采用稳健的调度策略，提高数据传输的成功率，提升移动性能。

• 针对高速移动的用户，由于其信道状态快速变化而难以跟踪，所以采用固定循环的 MIMO 天线权值参数配置，从而获取相对稳定的覆盖性能。

• 相对于窄波束，采用更宽的波束能够在一定程度上在对抗高速移动场景下由波束丢失引起的性能下降情况。

- 进行信道估计修正。利用历史移动轨迹和信道信息，对当前信道估计的结果进行修正，提升移动场景下的波束赋形性能。

（3）在全价值挖掘阶段，采用 MU-MIMO 与多用户多流配对关键算法，实现系统容量、体验、能耗等全维度价值的最大化。

① 在 MU-MIMO 基础上，采用多用户多流配对算法进一步提升系统容量。

MU-MIMO 空分复用包括物理下行控制信道（Physical Downlink Control Channel，PDCCH）和 PDSCH/PUSCH 业务信道的多用户空分复用。PDCCH MU 空分调度能成倍增加用户可接入数量。PDSCH/PUSCH 上下行业务信道 MU-MIMO 空分复用调度能力可以使小区系统容量最大化、大幅度提升 5G 频谱效率。

在中、高负载场景下，通过以下几个方向的算法增强，可以提升用户之间空分配对效率和成功率，增加空分配对流数，进而提升小区吞吐量。

- 大小包配对优化：5G 业务类型多样化，存在较多小包数据发送场景。大小包配对优化允许使用不等长资源块的终端进行空分配对，增加配对流数，提高系统容量。

- 空间高隔离度用户快速配对优化：根据终端所在波束信息折算用户相关性，参考配对成功的历史数据，对于隔离度较高波束下的终端直接进行空分配对，加速和简化空分配对的计算过程，提升空分配对成功概率，提升频谱效率及小区容量。

- 智能下行功率分配：在 MU-MIMO 空分复用的多个终端中，小区近点终端可将多余的功率借给远点终端，提升远点终端的性能，从而提高空分配对成功的概率。

② 基于 QoS 的精细化智能调度。

采用智能 QoS 调度策略，针对不同用户或业务采用差异化的调度策略。例如，对于时延或可靠性要求高的业务或 VIP 用户，优先采用单用户 MIMO 发射，或采用 MU-MIMO 发射但需要设置相对严格的空分复用门限，在保障用户 QoS 的前提下，提高空分配对的成功概率。反之，对于时延或可靠性要求不高的业务，优先采用 MU-MIMO 空分调度复用，提升系统容量，提高频谱利用效率。

Massive MIMO 无线通信技术能够充分利用空间维度无线资源，极大提高无线通信频谱效率和功率效率，是 5G 移动通信的关键技术之一，仍将是未来 5G 移动通信演进的最重要研究方向之一。

4.5 5G 移动性增强技术

在 R15 版本中，5G 的移动性采用传统的切换机制，切换性能难以满足时延敏感类业务的要求，且因 5G 频率较高，其切换失败率也会较高。因此，3GPP 在 R16 版本中提出 5G 移动性增强技术，目的是减少用户面的中断时延，提高切换成功率，提升用户的业务体验。

在 3GPP R15 版本中，5G 采用与 LTE 类似的切换机制。5G 系统内切换的用户面时延约为 50ms，与 LTE 系统内切换的用户面时延相当。在 3GPP R16 版本中，为了提升时延敏感类业务的用户体验，减少切换的中断时延，提出双激活协议栈切换（Dual Active Protocol Stack Hand Over，DAPS HO）增强技术。由于 5G 频率较高，为了提升切换可靠性和稳健性，又提出条件切换和快速切换失败恢复的移动性增强技术。

1. 双激活协议栈切换增强技术基本原理

双激活协议栈切换增强技术借鉴了"先连后断"的机制，在终端测量并上报满足切换的事件后，源基站基于测量结果、终端支持情况等做双激活协议栈切换决策。若采用双激活协议栈切换技术，源基站下发切换命令给终端（含双激活协议栈切换配置信息），终端接入目标基站，同时保持源基站的上下行数据传输（在传统切换中此时源基站会停止上下行数据传输，这是其与传统切换最大的不同）。在终端成功完成随机接入后，终端将上行数据传输通道转移到目标基站，终端成功与目标基站完成 RRC 连接后，目标基站向源基站告知接入成功。此时终端的源基站上下行传输已经转移到目标基站，源基站的上下行传输才停止，源基站再反馈最后一个数据传输序列号给目标基站，目标基站执行路径切换，将核心网连接从源基站转移至目标基站，从而完成双激活协议栈切换。

R16 版本只支持 5G 系统内的双激活协议栈切换，而不支持 5G 和 4G 系统间的双激活协议栈切换。

2. 条件切换增强技术基本原理

源基站收到终端测量报告后，根据邻区关系向多个候选目标基站发送条件切换请求，要求做条件切换，目标基站反馈条件切换请求响应（包含发送给终端的空口配置）给源基站，源基站下发条件切换命令给终端，切换命令含多个候选基站的空口配置和多个候选基站的切换触发执行条件（多个候选基站的切换触发执行条件由源小区决定）。终端收到条件切换命令后，反馈 RRC 连接重配完成消息并发送给源基站，此时终端并不立刻向任何一个候选目标基站执行切换动作（在传统切换时，终端收到切换命令后立即向切换命令指示的目标基站切换），而是继续保持和源基站的连接与数据传输，终端持续判断收到的切换执行条件是否得到满足。若终端检测到有一个候选目标基站满足了对应的切换执行条件，不需要再发测量报告给源基站，终端直接决定切换，向该目标基站执行随机接入，建立 RRC 连接，同时拆除源基站的连接。目标基站在与终端完成 RRC 连接建立后，向源基站发送切换成功消息，源基站则反馈最后一个数据传输序列号给目标基站，同时源基站向其他候选目标基站发送切换取消消息，以告知这些基站释放预留资源和被缓存的数据。目标基站执行路径切换，将核心网连接从源基站转移至目标基站，从而完成条件切换。

R16 版本只支持 5G 系统内的条件切换，不支持 5G 和 4G 系统间的条件切换。

3. 快速切换失败恢复增强技术基本原理

快速切换失败恢复增强技术的基本原理如图 4.18 所示。

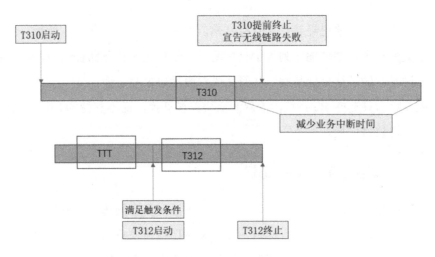

图 4.18   快速切换失败恢复增强技术的基本原理

当终端在服务小区检测到与服务小区不能同步时,终端启动定时器 T310。在 T310 运行期间,终端测试的网络覆盖一直满足切换条件,若满足触发时间(Time to Trigger,TTT)参数要求,则启动 T312,并触发测量报告(试图发起切换)。如果直到 T312 超时,切换都未被触发(可能因为信道条件等原因,终端没有收到基站下发的切换命令),且此时 T310 仍未超时,则 T310 提前终止,终端立刻宣告无线链路失败,并执行 RRC 重建过程,尽快恢复业务连接,减少业务中断对用户体验的影响。

4. 性能分析和应用建议

下面针对 R16 版本中提出的 3 种移动性增强技术的基本原理和信令流程,详细分析它们的性能。根据每种增强技术的特性提出应用建议,为未来 5G 增强技术应用提供技术参考。

(1)双激活协议栈切换。

从双激活协议栈切换的基本原理可以看出,在切换过程中当终端接入目标小区时,终端在源侧小区的上下行数据传输继续保持(对于双发能力受限的终端,至少可以保持下行数据传输)。当终端与目标小区完成小区接入后,目标小区已开始给终端传输数据,源基站才停止数据传输。因此,用户面数据传输在切换过程中的中断时延可降至接近于零,远小于传统切换用户面的中断时延 50ms。双激活协议栈切换增强技术明显降低了用户面中断时延,但在切换期间需源侧和目标侧基站均传输数据,同时占用资源,建议优先对 uRLLC 时延敏感类业务使用双激活协议栈切换增强技术,以提升业务体验。

（2）条件切换。

在条件切换增强技术的基本原理描述中,当终端检测到一个候选目标基站满足对应切换执行条件时,无须下发测量报告给源基站,也不需要源基站发送切换命令,而是终端直接决定切换。终端通过快速切换到满足切换执行条件的目标基站,降低了因切换命令传输失败或切换命令传输慢而导致切换失败的概率,提高了切换成功率,尤其在信号变化快的区域更加明显。条件切换需要源基站同时与多个候选目标基站提前做切换准备,因此存在以下几个问题:

① 较大的 X_2/X_n 接口开销。

② 候选的多个目标基站都需要为终端预留资源,浪费候选基站的预留资源。

③ 条件切换命令消息包含所有候选基站的空口配置参数,切换命令消息的长度会增大较多。

④ 在终端发起切换动作之前,为减少用户面中断,源基站需向多个候选目标基站转发下行数据,进行提前缓存,进一步增加 X_2/X_n 开销以及候选的目标基站的资源浪费。

因此,条件切换增强技术由于额外开销和资源浪费较大,并不建议在所有基站开启,建议在传统切换失败率较高的区域开启条件切换增强功能。

（3）快速切换失败恢复。

从快速切换失败恢复增强技术的基本原理可以看出,相比仅用 T310 定时器来判断无线链路失败的方式,快速切换失败恢复机制下的判决速度更快,可更快发起 RRC 重建,缩短业务中断时间。快速切换失败恢复增强技术实现方法简单,增益明显,建议在主要的 5G 覆盖区域开启。

4.6　本章小结

5G R16 版本的技术演进主要聚焦新功能的引入和对已有特性的持续优化，内容涉及覆盖、时延、速率、可靠性、频谱资源、接入方式和应用场景等多个方面。本章讨论的 5G 下行增强技术主要包括载波聚合、NR-U 非授权频段接入技术、4G/5G 动态频谱共享、Massive MIMO 技术增强、5G 移动性增强技术等，以实现提升网络覆盖、用户体验和系统容量的目标。

第 5 章

5G 室内深度覆盖增强技术

5G 网络将赋能各行各业，推动全社会数字化转型，室内覆盖是 5G 网络时代的关键主战场。面对 5G 室内覆盖多样化业务、部署场景、差异化网络指标以及更高的网络能力需求，现有室内覆盖解决方案需要面向 5G 演进和增强。

5.1 概述

现网室内分布系统（简称室分系统）以 DAS（Distributed Antenna System，分布式天线系统）为主，将移动通信基站的信号均匀分布在室内每个角落，从而保证室内区域拥有理想的信号覆盖。传统 DAS 存量庞大且技术成熟，有必要在利旧改造 4G DAS 的基础上，进一步提升 5G 深度覆盖能力，这对于 5G 网络建设的意义重大。传统 DAS 室分改造涉及合路器、耦合器、功分器、天线等无源器件及馈线。如果现网室分系统是单路 DAS，则既可以将 5G 信源直接合路，也可以新增一路分布系统后合路，实现 5G 室内深度覆盖。

改造方案的优势在于可以利旧 4G DAS，直接馈入 5G 信源，快速部署，保护存量投资，快速实现 5G 网络覆盖。然而，改造方案也存在弊端和缺点：首先，传统 DAS 单路占比高，用户体验差，不满足 5G 新业务体验感知；其次，现网部分 DAS 的无源器件（如功分器、耦合器、合路器、天线等）工作频段仅限于

800MHz～2.5GHz，不支持 2.6GHz 及以上频段。为了扩展 5G 室分容量，若在现有 DAS 上直接新增更多通道，则每新增一路通道将会增加大量改造成本。

基于现有室分建设方案中存在的造价、速率、施工等问题，5G 室内深度覆盖改造方案引入新型数字化微站、新型数字化皮基站、错层 MIMO、室内 Massive MIMO、5G POI 升级、5G 增速器低成本建设方案等新技术、新方案，提升 5G 室内覆盖的性能。

5.2 5G 新型数字化微站

随着 5G 网络建设的快速推进，用户对 5G 网络感知和体验要求逐步提高。众所周知，由于 5G 频段较高，深度覆盖是 5G 网络规划建设的公认难题之一。5G 新型数字化微站以其体积小、质量小、易安装、易隐蔽、易管控、价格低、能效高等多方面的优势，在 5G 覆盖延伸、容量提升及垂直行业区域性覆盖领域扮演着更加重要的角色。通过对 5G 新型数字化微站的测试验证，摸索出 5G 深度覆盖区域"补盲"和业务热点区域"补热"的场景化最优组合部署方案。

1. 技术方案

1）4G 微站升级 5G

4G 规划中已经广泛部署微站，用于解决基站站址获取困难、道路区域弱覆盖增强和热点区域容量增强等问题。现网 4G 微站通过软件升级具备 5G 覆盖能力，在降低 5G 建设成本的同时提升 5G 深度覆盖能力。以华为公司推出的微站设备为例，4G 微站 EasyMacro2.0（4T4R，即 4 发 4 收）支持升级 5G 2.6GHz 频段 60MHz 带宽，充分利用 4G 现网资源提升 5G 深度覆盖能力。

2）新型 4G/5G 共模微站（EasyMacro3.0/BOOK2.0）

与 4G 相同，5G 在深度覆盖需求方面同样面临基站站址获取困难等难题。在连片组网中"补盲""补热"的需求逐渐增多，特别是居民区高层覆盖场景是深度覆盖的重中之重。以华为公司的新一代数字化微站 EasyMacro3.0/BOOK2.0 为例

（如图 5.1 所示），微站支持 FDD1800MHz 频段（25MHz 带宽）和 5G 2.6GHz 频段（160MHz 带宽）大带宽、单模块 4G/5G 双模，适用于高中低层楼宇 4G/5G 深度覆盖提升和局部区域"补盲"等与室外连续覆盖场景。

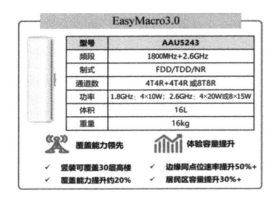

图 5.1　新一代数字化微站 EasyMacro3.0/BOOK2.0 介绍

3）5G 新型数字化室分系统（LampSite/LightSite2.0）

如图 5.2 所示，新型数字化室分系统 LampSite/LightSite2.0 支持 FDD1800MHz 频段（25MHz 带宽）和 2.6GHz 频段（160MHz 带宽）大带宽、单模块 4G/5G 双模。LampSite（4T4R）专为高容量价值需求场景（如交通枢纽、校园、大型场馆、购物中心等）提供覆盖，LightSite2.0（2T2R）专为中低容量需求场景（如写字楼、酒店、电梯、地下车库等）量身打造。两种产品相对于传统室分系统 DAS 的覆盖能力更强，高价值、高容量以上场景优选 4T4R 模块；中低等容量场景为确保竞争优势，采用 2T2R 模块；多隔断场景可采用 2T2R 外接天线模块。

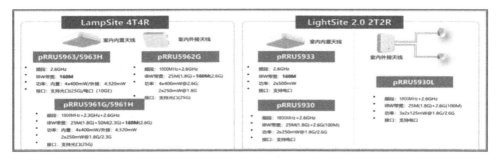

图 5.2　新型数字化室分系统 LampSite/LightSite2.0 比较

2. 测试验证

1）4G 微站升级为 5G 方案

选取某小区覆盖区域作为试点区域。该小区属于老旧居民楼区，建筑密集，信号遮挡严重，小区内 5G 深度覆盖性能较差，存在用户投诉问题。区域内人口密度适中，居民针对网络覆盖要求较高，计划升级 4G 微站 EasyMacro2.0 以支持 5G 网络，增强室内深度覆盖，进一步提升用户感知。测试验证方案筛选该区域内涧西森林小区西 EasyMacro2.0 微站作为试点。试验微站通过升级改造后，采用 NSA 组网，开通 5G NR 并配置锚点小区（F 频段或 FDD1800MHz 频段），针对现场进行升级前后覆盖性能对比测试。

（1）覆盖性能对比。

升级改造前小区内部 5G 深度覆盖性能较差，尤其在小区中心距离基站较远的位置，脱网现象严重。4G 微站升级开通 5G 后该小区中心区域的 4G 覆盖效果无影响，5G 覆盖效果改善明显：

室外平均 SS-RSRP 较之前提高 27.56dBm，室外平均 SS-RSRP 大于-100dBm采样点占比提升 42.08%，如表 5.1 所示。

表 5.1　4G 微站升级 5G 方案覆盖情况

路测指标	室外平均 SS-RSRP 大于 -100dBm 采样点占比	室外平均 SS-RSRP	室外平均 SS-SINR	LTE 锚点 覆盖率	5G 时长 驻留比
升级前	51.01%	-99.46dBm	6.12dB	100%	56.11%
升级后	93.09%	-71.9dBm	27.88dB	100%	100%
增益	42.08%	27.56dBm	21.76 dB	0%	44%

4G 微站升级为 5G 方案后，室内 5G 覆盖性能大幅改善，弱覆盖、脱网问题得以解决。

（2）速率验证。

选取覆盖好点（RSRP=-69dBm，SINR=31dB）进行测试，分别开通 60MHz和 40MHz 带宽，5G 定点峰值速率测试效果符合预期。

在升级为 5G 方案并开通 60MHz 带宽的情况下，下行峰值速率为 632Mbps，上行峰值速率为 38Mbps；

在升级为 5G 方案并开通 40MHz 带宽的情况下，下行峰值速率为 534Mbps，上行峰值速率为 33.4Mbps。

2）新型 4G/5G 共模微站（BOOK2.0/EasyMacro3.0）测试验证

（1）BOOK2.0 测试验证。

选取某市天赋路与天瑞街交叉口基站作为 BOOK2.0 微站实验站点，覆盖周围道路，宏微协同解决该区域弱覆盖问题。采用 3 个 BOOK2.0 微站，天线挂高 8 米，方位角为 20°、90°、190°，下倾角为 2°，单模块开通 FDD1800MHz 频段（锚点）和 5G，其中 5G 小区带宽 100MHz，发送和接收模式为 2T2R。

BOOK2.0 覆盖测试验证情况如下：

5G 有效覆盖距离（RSRP＞-100dBm）达到 235 米，整体平均 RSRP 为-87.9dBm。

4G（FDD1800MHz 锚点）有效覆盖距离（RSRP＞-100dBm）达到 265 米，整体平均 RSRP 为-84.5dBm。

BOOK2.0 速率测试验证情况如下：

定点测试下行峰值速率达到 972Mbps，上行峰值速率达到 49.6Mbps；道路锁频测试下行平均速率达到 580Mbps。

（2）EasyMacro3.0 测试验证。

选取某高层居民小区开展 EasyMacro3.0 应用研究工作。该小区共有 14 栋高层住宅，楼高约 80 米，楼间距约 45 米，由于传统室分系统只做了地下室的覆盖，整个小区内部及高层室内网络覆盖效果较差；为提升用户感知，通过在该居民区楼顶建设 12 个 EasyMacro3.0 站点的方式改善覆盖效果，完成各项评估测试。

小区内 12 个 EasyMacro3.0 站点开通后，小区内道路测试中 4G 网络覆盖电平 RSRP 由开通前的-106.5dBm 提升至-69.34dBm，4G SINR 由开通前的 8.6dB 提升至 12.1dB。

在 5G 好点定点测试中（NR RSRP≈-65dBm，SINR≈35dB），下行峰值速率为 1.3Gbps，上行峰值速率为 113Mbps。在小区道路遍历测试中，NR 平均 RSRP=-78.01dBm；平均 SINR=10.54dB，上行平均速率为 42.75Mbps，下行平均速率为 531.18Mbps。

为了验证 EasyMacro3.0 的室内覆盖能力，选择居民小区内高、低两栋居民楼（12 号楼：共 27 层；11 号楼：共 17 层）进行室内测试。经过测试，小区楼宇室内 SS-RSRP 达到-87.6dBm，SS-SINR 达到 13.4dB，覆盖效果良好。

高层楼宇测试：在 12 号楼（共 27 层）内，高、中、低各选两层进行走廊、电梯间、步梯间测试。室内平均 SS-RSRP 为-86.8dBm，平均 SS-SINR 为 10.1dB，平均上传（上行）速率为 50Mbps，平均下载（下行）速率为 274Mbps，如表 5.2 所示。

表 5.2　12 号楼室内测试

楼层与平均值	SS-RSRP（dBm）	SS-SINR（dB）	上传速率（Mbps）	下载速率（Mbps）
低层（1 层、2 层）	-95.6	7.1	27	141
中层（13 层、15 层）	-78.7	12.7	75	440
高层（26 层、27 层）	-86.1	10.5	47	241
平均值	-86.8	10.1	50	274

低层楼宇测试：在 11 号楼（共 17 层）内每个单元高、中、低各选两层进行走廊、电梯间、步梯间测试。室内平均 SS-RSRP 为-88.5dBm，平均 SS-SINR 为 16.7dB，平均上传速率为 35Mbps，平均下载速率为 308Mbps，如表 5.3 所示。

表 5.3　11 号楼室内测试

楼层与平均值	SS-RSRP（dBm）	SS-SINR（dB）	上传速率（Mbps）	下载速率（Mbps）
低层（1 层、2 层）	-93	14.3	23	293
中层（9 层、10 层）	-86	20.2	39	337
高层（16 层、17 层）	-86.5	15.5	44	294
平均值	-88.5	16.7	35	308

3）5G 新型数字化皮基站（pRRU）（LampSite/LightSite）测试验证

（1）LampSite 试点。

选取某市移动生产楼作为试点，办公楼包含地上 16 层和地下 3 层。新型数字化皮基站 LampSite 组网示意图如图 5.3 所示，采用 NSA 组网方案，共开通 4 个站点，涉及 2 个锚点站共 6 个 FDD1800MHz 频段小区和 2 个 NR 站点共 12 个 5G

小区，覆盖整幢楼宇。

图 5.3   新型数字化皮基站 LampSite 组网示意图

5G 新型数字化皮基站 LampSite 开通后，楼宇室内覆盖效果良好。各楼层 5G NR 覆盖率≥95%，锚点覆盖率≥99%；各楼层峰值下行速率在 1Gbps 左右，平均下行速率大于 850Mbps；各楼层峰值上行速率在 70Mbps 左右，平均上行速率大于 50Mbps。如表 5.4 所示，整栋楼 4G、5G 网络质量测试均能达到覆盖要求。

表 5.4   楼宇室内覆盖测试

指标项目	场景描述		pRRU 部署		覆盖要求			边缘覆盖 4 通道（Mbps）		室内信号外泄	切换	单用户性能 4 通道（Mbps）	
	覆盖场景	覆盖面积（平方）	pRRU 数量	间距（米）	5G NR 覆盖率	锚点覆盖率	链路层误块率	下行速率	上行速率	5G NR 信号外泄受控比例	5G NR 切换成功率	下行速率	上行速率
达标值	—	—	—	—	≥95%	≥95%	≤10%	≥350	≥5	≥95%	≥98%	≥800	≥20
16 层	办公区	800	6	13	99.60%	99.64%	9.59%	412.18	32.05	—	100%	1039.77	75.51
13 层	办公区	800	6	13	100.00%	100.00%	9.35%	454.1	30.5	—	100%	1005.45	76.72
12 层	办公区	1000	7	14	98.10%	100.00%	9.70%	548.22	61.51	—	100%	936.43	76.78
11 层	办公区	1000	7	13	99.50%	100.00%	9.17%	502.38	63.3	—	100%	904.6	76.74
10 层	办公区	550	4	13	95.70%	100.00%	9.38%	430.62	62.17	—	100%	975.34	74.83
8 层	办公区	550	4	13	98.30%	99.62%	9.54%	455.02	54.76	—	100%	1072.56	76.85
3 层	餐厅办公区	1400	11	13	100.00%	99.85%	3.93%	406.48	38.08	—	100%	816.99	76.71
1 层	办公区	900	8	14	96.20%	99.78%	2.45%	479.87	58.69	100%	100%	805.58	76.74
B2 层	停车场	900	5	25	96.70%	99.70%	3.21%	420.74	60.16	—	100%	806.83	73.37
B3 层	停车场	2166	5	30	96.70%	99.77%	3.79%	563.7	42.55	—	100%	807.87	69.98

（2）LightSite（内置天线）试点。

选取某市中机工程大厦作为试点，该试点是典型的中层写字楼场景，楼高 17 层，室内布局隔断较多，信号遮挡严重，室外宏站信号不能满足室内覆盖需求。大厦区域内人口密度适中，对覆盖要求较高，属于重点投诉区域。大厦内已部署 LTE FDD 和 E 频段室分系统，计划在此楼宇新增 LightSite（内置天线），验证 5G LightSite 的覆盖效果。

• 实施方案。

中机工程大厦 1～17 层均已部署 E 频段及 FDD 室分系统，无须新建 FDD 锚点小区，直接使用单频 5G LightSite（内置天线）建设。本次试点楼层为 10～17 层（因 10 层以下为其他公司，无法协调施工），设计 4 个 RHUB，26 个 pRRU。共规划开通两个 5G 小区，10～13 层及 14～17 层各开通一个 5G 小区。表 5.5 中列出了原有室分系统与新建 5G LightSite 基站配置信息。

表 5.5　原有室分系统与新建 5G LightSite 基站配置信息

类型	网络制式	覆盖楼层	频点	频段	带宽
原有室分系统	4G	1～17 层	1300	FDD	20M
			38950	E	20M
新建 5G LightSite	5G（pRRU）	10～17 层	38400	NR	100M

• 效果验证。

5G 新型数字化室分 LightSite 设备开通后，在中机工程大厦 15 层的极好点（SS-RSRP=-55.56dBm，SS-SINR=35.81dB）测试峰值下行速率达到 862.07Mbps，峰值上行速率达到 87.06Mbps。在中机工程大厦覆盖区域内选取三个楼层（10 层、13 层、15 层）进行室内遍历测试，评估 5G 覆盖效果，三个楼层平均 SS-RSRP 达到-74.2dBm，平均 SS-SINR 为 24.5dB，整体覆盖效果良好。三个楼层平均下行速率达到 687Mbps，平均上行速率达到 75Mbps，达到预期效果。

（3）LightSite（外置天线）试点。

选取某县政府办公楼作为试点，试点楼高 12 层，作为典型的中层机关楼场景，室内布局纵深较长，目前室外信号不能满足室内的覆盖需求。办公楼内人口密度适中，对覆盖要求较高，属于重点保障场景之一。之前楼宇内仅仅部署 LTE E 频段室分系统，准备新建 LightSite（外置天线）站点，测试验证室内覆盖效果。

LightSite（外置天线）可以灵活配置 2 个 MIMO 外接天线（2T2R）或 4 个单入单出（Single Input Single Output，SISO）外接天线（1T1R），增大覆盖面积，有效降低多隔断场景的端到端建网成本，如图 5.4 所示。

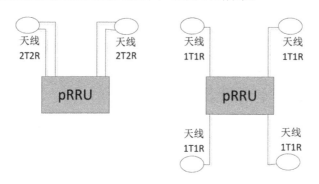

图 5.4　LightSite（外置天线）示意图

· 实施方案。

在县政府办公楼试点设置了 1 个 BBU、7 个 RHUB（5930）、37 个外接型 pRRU（5930L）、50 副吸顶天线和 12 副定向板状天线并进行覆盖部署，采用 2T2R 方案，开通 FDD1800MHz 频段（锚点）及 5G 小区。室内共规划 3 个小区，B1～4 层对应 1 小区，5～8 层对应 2 小区，9～12 层对应 3 小区。

· 效果验证。

5G 新型数字化室分 LightSite（外置天线）设备开通后，以县政府 B1 层（负一层）区域测试为例，在好点（SS-RSRP=−74.19dBm，SS-SINR=33dB）处测试峰值下行速率达到 861.99Mbps，峰值上行速率 90.19Mbps。在 B1 层步行道路测试，平均 SS-RSRP=75.98dBm，平均 SS-SINR=32.02dB，整体覆盖效果良好。平均下行速率为 797.1Mbps，平均上行速率为 79.71Mbps，达到预期效果。锚点（FDD1800MHz）覆盖测试平均 RSRP=−70.13dBm，平均 SINR=35.59dB，覆盖效果良好。

3. 推广应用建议

现网试点测试验证表明，在 5G 大规模商用部署中应用 5G 新型微站可以从根本上解决 5G 室内深度覆盖需求。在工程建设中应根据不同场景细化制定相应的解决方案，合理选择新型数字化微站类型，多种方案组合应用。新型微站的应用需要与宏站高低搭配、立体组网、宏微协同，探索深度覆盖的新方法、新方案，可有效改进 5G 现网室内深度覆盖的短板和不足。

5.3   5G 低成本室内覆盖解决方案

5.3.1   5G POI 升级方案

机场、地铁等大型共享区域场景是 5G 覆盖和应用的重点区域。大型共享区域内客流量大、网络改造施工协调难度大，无法通过直接更换现有分布系统进行 5G 改造等，一直是网络升级改造过程中的部署痛点。此外，目前大型共享区域场景一般采用多系统合路平台（Point Of Interface，POI）进行多路信号合路，然后再馈入分布系统。由于部分存量 POI 不支持 5G 频段，进行 5G 改造需要更换现有 POI 设备，会增加改造成本。为了满足实际场景需求，提出一种大型共享场景内移动 2.6GHz 频段 5G 室分系统升级改造方案，以实现通过"小改动"解决"大难题"的目标。在工程建设中针对传统存量 4G 室分系统如何通过改造使其支持 5G 覆盖能力，5G POI 升级方案提供了一种可行性方法，而且对现网运行影响较小，升级快速敏捷，成本低廉。

1. 技术方案

POI 升级方案无须更换存量 POI 设备，只需在存量 POI 设备位置另外新增一个 5G POI 升级模块，如图 5.5 所示。新增的 5G POI 升级模块支持两个 2515～2675MHz 端口，同时支持移动 2.6GHz 频段 4G/5G 信号输入。5G 侧可开启 100MHz

带宽，且可开启 2.6GHz 频段中 D3/D7/D8 频点（共 60MHz 带宽）的 TDD 载波，能有效解决 4G 容量不足的难题，实现由 4G 向 5G 快速平滑升级。与此同时，POI 升级方案解决了获准入场网络改造施工协调难度大、工程量大、施工周期长及升级成本高等问题。

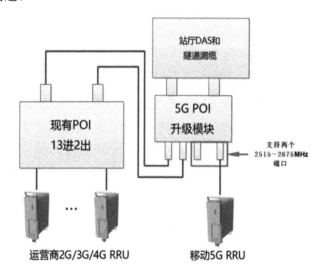

图 5.5　POI 升级方案示意图

2. 测试验证

选取某市地铁 5 号线的一段隧道作为 POI 升级改造的试点。在隧道内的存量 POI 设备旁新增一个 5G POI 升级模块，调整设备线缆连接后馈入现有的分布系统中，完成改造。

经过现场测试验证，改造后 4G/5G 网络覆盖效果良好，平均 SS-RSRP=-69.83dBm，平均 SS-SINR=27.79dB，5G 下行峰值速率为 838Mps，上行峰值速率为 96.4Mps。升级后反向开启 2.6GHz 频段中 D3/D7/D8 频点的 4G TDD 载波，小区业务验证正常，改造后达到预期效果。

3. 技术优势

5G POI 升级方案适用于已有 4G DAS 的大型共享覆盖场景。通过 5G 快速升级改造，一方面能够迅速解决大型共享覆盖场景中现场协调难度大、工程量大和施工周期长等网络部署痛点。另一方面该方案具有改动小、升级快、兼容 4G/5G 信号输入等优势，具有广泛的应用推广价值。

5.3.2   5G 增速器

1. 技术方案

5G 增速器利用原有单路室内分布 DAS，通过变频技术在单路馈线中传输 RRU 两路信号，实现 5G 室内 MIMO 双流效果。5G 增速器不需要改动现有传统的 DAS，仅需在 5G RRU 信源位置接入 5G 无线变频近端单元，在近端单元出口接入原有 DAS 电桥，在用户侧电源位置插入 5G 无线变频远端单元即可使用。

5G 增速器系统示意图如图 5.6 所示，以单路改造双路方案为例，选择现有 5G 双通道信源 RRU 中的 1 个通道，接入 5G 无线变频近端单元 A（从 2.6GHz 变频为 1.3GHz），与原来 1 路 2.6GHz 信号合路后进入原有 DAS，两路信号经原有 DAS 传送到天线端发射出去后，变频后信号经 5G 无线变频远端单元 B 从 1.3GHz 还原为 2.6GHz 后，与原有 1 路 2.6GHz 信号组成 MIMO 双流系统。双路室内分布系统实现四流效果与单路改造双路方案类似。

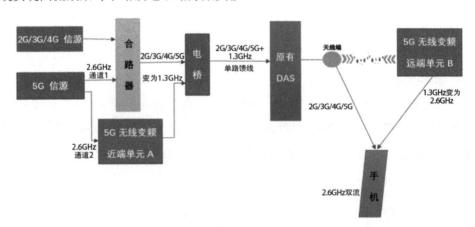

图 5.6   5G 增速器系统示意图

2. 测试验证

针对 5G 增速器的多流性能测试验证表明，单路改造双路方案的测试下载速率达到 650Mbps，相比较单流下载速率提升 97%；双路变四路方案的测试下载速率达到 930Mbps，比双流下载速率提升 75%。

3. 技术优势

5G 增速器具有改造简单、具备多流性能、可差异化覆盖等特点。在系统改造方面，仅需在合路器位置进行极简改造，便能充分盘活现网存量传统 DAS 资源，以低成本、高效率实现 5G 网络覆盖。

5G 增速器在实际工程部署中安装便捷，即插即用，可选择性地实现室内区域或全部区域的多流覆盖效果，打造高质量 5G 网络的用户感知体验。

5.4　5G 室内错层 MIMO 技术

室内覆盖是 5G 的主要应用场景，80%以上的 5G 业务发生在室内。部署 5G 室分系统是实现室内深度覆盖的主要手段，目前有新建和改造两种部署方式。现网大部分室内覆盖场景通过 5G RRU 信源简单合路获得 5G 单路性能。大规模单路改造双路方案需要新增馈缆、无源器件和天线，工程量大，耗时耗力。如何针对存量传统室分系统进行简单改造，以高效、低成本实现 5G 双路性能，是当下 5G 室分系统建设的重要方向。错层 MIMO 覆盖技术方案采用低成本快速实现单路变双路、双路变四路的部署策略，挖掘存量室分系统的价值潜力，提升 5G 网络质量和室内用户感知体验。

1. 技术方案

1）错层 MIMO 系统架构

错层 MIMO 系统由 5G BBU（新增）、5G 双通道 RRU（新增）和原有同轴电缆分布系统（需调整主干路由中的合路器、耦合器等器件的连接关系）构成，系统架构如图 5.7 所示。

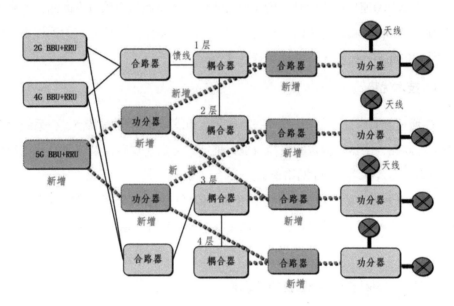

图 5.7　错层 MIMO 系统架构

错层 MIMO 方案的关键在于新增 5G RRU 通过双通道信号错层覆盖，使得传统室分系统具备多通道联合收发的能力，实现同一楼层单路 DAS 双流信号和双路 DAS 四流信号效果。由于信号覆盖楼层的变化，合路器、功分器或耦合器的连接关系需要同步调整。

2）错层 MIMO 技术原理

以单路改造双路方案为例，错层 MIMO 改造原理示意图如图 5.8 所示。错层 MIMO 利用 5G RRU（双通道）两个通道交叉覆盖室内楼层，本楼层（A 口）收到楼上（B 口）泄漏信号，在基站侧将终端收到的两个不同通道信号合并处理，达到双流 MIMO 效果。

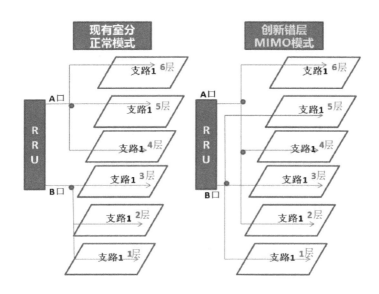

图 5.8 错层 MIMO 改造原理示意图

3）错层 MIMO 方案应用建议

错层 MIMO 增益大小受到各通道电平的影响：

（1）绝对电平：终端收到的各通道信号绝对电平越高，增益越大。

（2）相对电平：终端收到的各通道信号间电平差异越小，增益越大。

在改造过程中，无金属吊顶，信号易穿透上下层楼板，本楼层通道信号与错层通道信号 SSB 平均覆盖电平差值在 25dBm 以内，在分布系统主干路由易施工的场景，应用错层 MIMO 方案的效果尤为突出。

2. 测试验证

1）跨层楼宇错层 MIMO 试点

选取某市东山宾馆 5 号客房楼，其室内分布系统为单路分布系统，共开启 1 个 5G 小区，下载速率为 400Mbps，试点计划通过错层 MIMO 方案实现 2T2R 双流效果，并实现单用户下载速率成倍提升。

试点方案如下。

（1）东山宾馆 5 号客房楼共 4 层，原室内为 2G、4G、5G 设备合路系统，通过合路器实现 3 种网络耦合至分布系统。

（2）天线安装分布情况：5 号客房楼 1～3 层每层有 12 个全向天线，4 层有 6 个全向天线，整栋楼由共计 42 个全向天线覆盖。改造前，通道 1 接入 1 层及 2 层，通道 0 接入 3 层及 4 层。

（3）试点改造后，将 5G RRU 通道 1 接入 1 层及 3 层，5G RRU 通道 0 接入 2 层及 4 层，1～3 层终端可以收到通道 0 和通道 1 两路信号，实现双流 MIMO 效果。

错层 MIMO 改造示意图如图 5.9 所示。

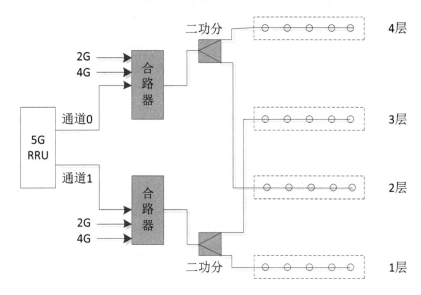

图 5.9 错层 MIMO 改造示意图

试点效果如下。

（1）室内无线覆盖质量对比：改造前 1～4 层平均 SS-RSRP 为-73.52dBm，改造后 1～4 层平均 RSRP 为-73.89dBm；改造前 SINR 为 33.26dB，改造 SINR 后为 33.53dB；改造前后无线覆盖质量无明显变化。

（2）下载速率对比：改造前平均下载速率约为 479Mbps，改造后平均下载速率约为 614Mbps，提升了 28.2%。

（3）上传速率对比：改造前平均上传速率约为 72Mbps，改造后平均上传速率约为 83Mbps，提升了 15.2%。

跨层楼宇错层 MIMO 试点改造前后测试效果对比如表 5.6 所示。

表 5.6　跨层楼宇错层 MIMO 试点改造前后测试效果对比

楼层	改造	平均 SS-RSRP(dBm)	平均 SS-SINR(dB)	下载速率(Mbps)	上传速率(Mbps)
1	改造前	-73.96	33.1	419	69
	改造后	-74.12	34.11	635	78
2	改造前	-73.17	34.46	683	83
	改造后	-73.3	34.49	697	92
3	改造前	-75.74	32.95	411	65
	改造后	-76.15	32.87	677	87
4	改造前	-71.19	32.53	401	72
	改造后	-72.01	32.65	448	77

（4）增益效果对比：改造后 1 层、3 层下载速率增益最大，分别为 51.42%、65.76%；2 层由于原来就处于双通道交叉区域，改造前后均能实现双路效果，上传速率增益为 10.28%，整体增益不明显；4 楼（顶层）只有单路通道信号，基本无增益。改造前后增益效果对比如表 5.7 所示。

表 5.7　改造前后增益效果对比

楼层	平均 SS-RSRP 增益	平均 SS-SINR 增益	下载速率增益	上传速率增益
1	-0.22%	3.05%	51.55%	13.04%
2	-0.18%	0.09%	2.05%	10.84%
3	-0.54%	-0.24%	64.72%	33.85%
4	-1.15%	0.37%	11.72%	6.94%

试点总结：错层 MIMO 方案应用在 5G 单路分布系统中，用户感知速率有所提升，但并未完全达到 2T2R 效果，小区容量没有改变，适用于隔断较少的室内场景。

2）同层楼宇错层 MIMO 试点

试点选取某综合交通枢纽-商业区域，部署双路 MIMO 分布系统。本次试点选取接入点 1 覆盖区域，8T8R 的 RRU 前 4 个通道和 LTE 系统通过 2.6GHz 5G 增强型合路器接到分布系统上，建立 1 个 4T4R 小区，4 个通道的共同覆盖区域形成多流效果。负一层西南区域商业部分利用错层 MIMO 原理进行同层分布式 MIMO 试点。错层 MIMO 双路改造多路方案示意图如图 5.10 所示。

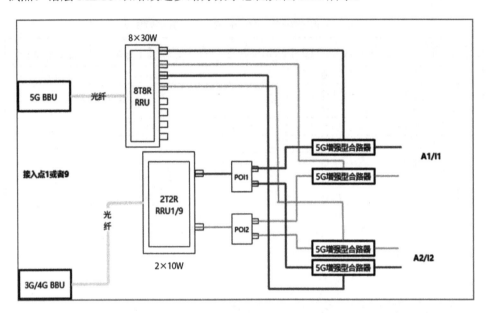

图 5.10　错层 MIMO 双路改造多路方案示意图

试点测试效果如下：

同层楼宇错层 MIMO 试点测试验证对比如表 5.8 所示，与普通 2 通道相比，同层分布式 MIMO 平均下载速率增益约为 35%，峰值下载速率增益约为 30%。800Mbps 以上的采样点比例由不足 5% 提升至 87.87%。

表 5.8　同层楼宇错层 MIMO 试点测试验证对比

测试场景	平均下载速率 (Mbps)	峰值下载速率(Mbps)	平均 RSRP(dBm)	平均 SSB-SINR(dB)
同层分布式 MIMO	929.5	1069.5	−76.22	29.02
普通 2 通道测试 1	688.8	812.1	−80.13	25.53
普通 2 通道测试 2	682	825.2	−79.5	28.97

试点总结如下：

利用错层 MIMO 原理进行同层分布式 MIMO 验证，由双路实现多流效果，大幅提升 5G 交叉覆盖区域的下载速率。错层 MIMO 方案的实际下载速率增益受到两路信号绝对电平值及两路信号电平差值的影响，工程上建议将组成 MIMO 双路信号电平的差值限制在 15dB 以内。该方案理论上无须额外的设备投入，仅需对现有馈入系统进行改造即可实现错层 MIMO 方案，施工周期较短，施工费用较低，适用于隔断较少的中低价值场景部署。

在工程改造过程中，值得注意的是，5G 8 通道 RRU 常规用于连接 8 通道天线开通 8T8R 小区。当开启同层分布式 MIMO，8 通道 RRU 连接双路或四路系统时，需要根据实际覆盖场景制定端口组合方案，确保分布式 MIMO 的性能增益。

3. 技术优势

（1）小改动、大提升，单路变双路明显提升网络速率。

传统室分系统以无源分布系统为主，无源器件和室分天线支持的频段为 800～2500MHz，可通过叠加 5G RRU 信源快速支持 4G/5G 覆盖，错层 MIMO 方案无须额外的设备投入及大量施工工作，仅需对现有馈入系统进行局部改造即可实现单路变双路系统，单用户下载速率成倍提升，可实现 2T2R 双流效果。

（2）发挥存量室分价值，低成本快速实现 5G 双路系统。

现存大量 4G 室分系统中 80%为单路分布系统，大规模单路改造双路方案需要新增馈缆、远端设备和天线，工程量大，耗时耗力。5G 通过直接合路只能实现单路性能，错层 MIMO 方案充分挖掘存量室分系统的价值和潜力，通过较小投入即可快速实现 5G 双路效果，投资成本相比直接合路增加 10%～20%，对于现存单路室分系统具有较高的推广价值。

（3）满足中低价值场景的高速率需求，大幅提升 5G 室内网络用户感知体验。

随着 5G 网络的发展与终端的普及，5G 用户呈现爆发式增长，部分中低价值场景，如大中专院校、工厂、一般办公楼等对 5G 速率的要求越来越高。受限于 5G 的建设进展及投资预算，这些场景的 5G 网络只能通过合路呈现单路性能，高速率需求短期内无法得到满足；错层 MIMO 方案以低成本、快速部署的优势，满足中低价值场景的高速率需求，进一步提升 5G 室内网络用户感知体验。

5.5　5G 室内分布式 Massive MIMO 增强技术

在 5G 时代，室内覆盖需具备大容量能力以满足 2B 和 2C 场景需求。室内场景是 5G 网络建设主战场，5G 室内数字化分布式皮基站具有易部署、容量大等优势，广泛应用在室分系统组网方案中。为了承载更大容量，数字化皮基站小区的射频拉远单元（pRRU）密集部署，极限分裂。由于 5G NR 采用同频组网技术，重叠覆盖导致同频干扰严重。随着小区间干扰增大，单小区吞吐量和用户体验速率不升反降，严重影响高密度重载场景区域室内用户感知。如何有效降低数字化分布式皮基站小区间干扰，保障高负荷重载场景下的用户感知体验，在网络规划建设中显得尤为重要。

5G 核心目标在于赋能千行百业。室内网络容量能力的增强可以更好地满足垂直行业的室内用网需求，需要提升数字化分布式皮基站的技术能力，对抗小区间干扰，将干扰信号转化为有用信号，提升小区吞吐量，提升室内用户体验与感知。

1.技术方案

1）技术原理

室内分布式 Massive MIMO 增强技术依托华为 5G LampSite 分布式皮基站实现。LampSite 由 BBU（基带单元）、RHUB（集线器单元）、pRRU 组成。室内分布式 Massive MIMO 增强技术将大规模多天线联合收发技术引入传统 LampSite 的 pRRU 中，每个 pRRU 被称作逻辑发送和接收点（Transmit Receiver Point，TRP）。通过逻辑合并射频模块 pRRU 所覆盖的 n（2～16）个连续覆盖的 4T4R 小区，形成 1 个 $4n$T$4n$R 小区，以消除小区间干扰，达到提升用户上下行速率和小区吞吐量的目标。

室内分布式 Massive MIMO 增强技术通过多天线联合收发，提升单用户速率。

室内分布式 Massive MIMO 增强技术原理如图 5.11 所示，在逻辑 TRP 范围内用户移动无切换，真正实现以用户为中心的去蜂窝化体验。通过联合调度，彻底消除小区间干扰，提升小区边缘用户性能。通过 MU-MIMO 多用户资源复用，提升小区吞吐量。

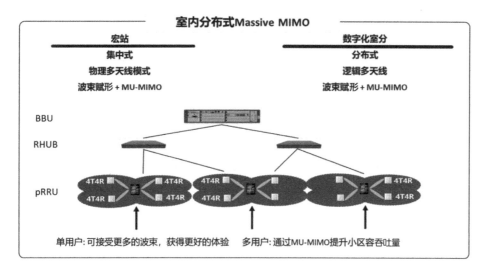

图 5.11　室内分布式 Massive MIMO 增强技术原理

2）技术特性

（1）多用户资源复用，提升小区吞吐量。

通过普通小区分裂可以实现资源复用，但小区间独立调度、独立权值设计，会导致干扰严重。室内分布式 Massive MIMO 小区可以对多个用户进行联合权值设计，通过权值优化降低用户间干扰，通过多用户资源复用，大幅提升小区吞吐量，突破重载场景下的 5G 容量瓶颈。多用户资源复用如图 5.12 所示。

图 5.12　多用户资源复用

依据理论分析，单小区容量遵循香农定理，与 SINR 强相关。在覆盖区域内，随着小区数量增加，区域容量不会成倍增长。通过仿真分析，区域内小区数量从 1 个分裂至 20 个，单小区容量下降 90%以上，随着小区数量增加，区域内容量增长放缓，当小区数量从 10 个分裂至 20 个时，区域内总容量基本保持不变。室内分布式 Massive MIMO 将 Massive MIMO 技术理念引入室内分布式皮基站的 pRRU 中实现，形成分布式的 Massive MIMO 天线阵列，最高可达 64 个通道收发能力。利用多用户资源复用，可以显著提升单小区容量，突破重负载场景下极限分裂导致的 5G 容量瓶颈。

（2）多天线联合收发，提升单用户性能。

普通射频合路小区在进行下行复制发送时，覆盖区域有效天线数始终为 4 根。室内分布式 Massive MIMO 小区合并 TRP，每个 TRP 对应 4 根有效天线，TRP 交叠区用户接收 8～16 根天线发送的数据，优化权值，用户波束赋形性能更优。室内分布式 Massive MIMO 应用多天线联合收发技术，增强单用户性能，提升网络用户感知体验。多天线联合收发示意图如图 5.13 所示。

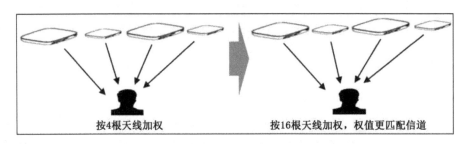

按4根天线加权　　　　　　按16根天线加权，权值更匹配信道

图 5.13　多天线联合收发示意图

在普通分布式皮基站覆盖场景下，每个 pRRU 下的有效天线数始终为 4 根，且 pRRU 相对独立，终端按 4 根天线加权。室内分布式 Massive MIMO 使用多天线联合收发技术，在覆盖交叠区域，终端可见 8～16 根天线，能使用更准确的权值，单用户峰值速率提升 30%以上，有效提升网络用户感知体验。

（3）联合调度，消除小区间干扰。

5G 采用的同频组网，在小区极限分裂后，将导致严重的同频干扰，根据同频组网和极限分裂的模型评估，30%区域内的 SINR 小于 0dB，50%区域内的 SINR 小于 5dB，高干扰严重影响 5G 网络性能。普通分布式皮基站小区间独立调度，边缘区域用户由于弱覆盖及邻区干扰，业务数据无法采用高阶调制和高数据流阶数（RANK）方案，性能感知体验较差。室内分布式 Massive MIMO 蜂窝小区（Cell）统一进行 RB 调度，消除干扰，用户（UE）可以采用高阶调制和高数据流阶数方案，性能大幅度提升。室内分布式 Massive MIMO 通过多 pRRU 间联合调度，相邻 pRRU 小区进行 RB 资源协同调度，不同的 RB 资源分配给不同的 UE，在频域上进行干扰隔离，彻底消除小区间干扰，从根本上解决 5G 同频组网带来的干扰难题。联合调度示意图如图 5.14 所示。

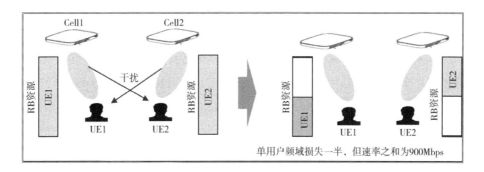

图 5.14　联合调度示意图

（4）消除小区边界，实现以用户为中心的体验。

普通分布式皮基站小区间移动，需要硬切换，会导致业务中断，小区间的切换出现速率低谷，用户感知体验明显降低。室内分布式 Massive MIMO 将多个小区合并，消除小区边界，在交叠区联合收发，规避小区间的切换过程，用户在覆盖区域内移动，速率体验无波动，进一步提升了 5G 室内网络用户感知体验。消除小区边界示意图如图 5.15 所示。

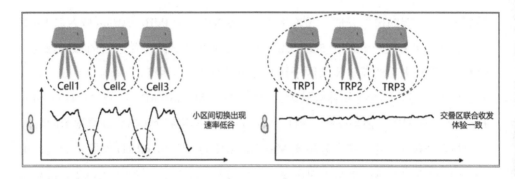

图 5.15   消除小区边界示意图

2.测试验证

1）试点选取

选取某地铁站作为试点区域，站厅使用 LampSite 分布式皮基站进行覆盖，现网共设置 1 个 BBU、4 个 RHUB、25 个 pRRU。针对传统 5G LampSite 分布式皮基站进行改造升级，使其支持室内分布式 Massive MIMO 特性。在地铁站厅覆盖区域进行测试，对比室内分布式 Massive MIMO 特性开启前后小区峰值吞吐量，验证室内分布式 Massive MIMO 特性增益。

2）测试效果

（1）单用户峰值吞吐量对比验证。

测试终端为 1 部华为 P40 手机，利用速率测试工具（Speedtest）同时进行上传（上行）、下载（下行）测试。

单用户上行峰值吞吐量：改造前单用户上行峰值吞吐量为 112 Mbps，改造后为 146 Mbps。

单用户下行峰值吞吐量：改造前单用户下行峰值吞吐量为 1.1 Gbps，改造后为 1.5 Gbps。单用户峰值吞吐量对比如图 5.16 所示。

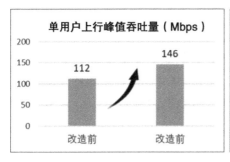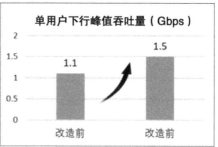

图 5.16　单用户峰值吞吐量对比

（2）多用户小区峰值吞吐量对比验证。

采用 4 部华为 P40 手机在地铁站厅 4 个出口位置测试，同时进行上传、下载测试，后台监控小区 MAC 层峰值吞吐量。

下行峰值吞吐量：改造前小区下行峰值吞吐量为 1.1Gbps，改造后小区下行峰值吞吐量为 4.8 Gbps。

上行峰值吞吐量：改造前小区上行峰值吞吐量为 150 Mbps，改造后小区上行峰值吞吐量为 450 Mbps。多用户峰值吞吐量对比如图 5.17 所示。

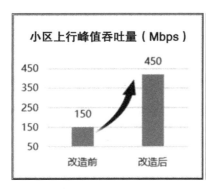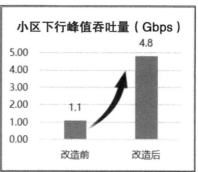

图 5.17　多用户峰值吞吐量对比

可以看出，室内分布式 Massive MIMO 开启后，单用户峰值感知速率和小区吞吐量提升效果明显。

3. 小结

空内分布式 Massive MIMO 将 Massive MIMO 技术引入数字化室分系统中，化干扰信号为增强信号，通过联合波束赋形和 MU MIMO 提升容量与体验，有效解决室内 5G 小区间干扰问题，大幅提升小区容量，满足 5G 2B 和 2C 场景需求。5G 室内分布式 Massive MIMO 增强功能部署简单快捷，适用于智慧园区、交通枢纽、大型场馆等高密度、大流量、高价值室内业务场景，可作为 5G 室内覆盖能力增强的创新方案在全网推广应用。

5.6   5G 室内覆盖技术未来发展展望

在现有 5G 室内覆盖方案的基础上，预期未来 5G 室内组网技术将持续演进，主要发展方向包括：精确适配多样性的 5G 终端，满足不同场景个性化业务需求、设备多频化和高频化，以及异构网络融合等。

1. 精确适配多样性 5G 终端

5G 智能手机和泛终端将广泛发展，可以预见大部分 5G 新型终端的新业务将在室内发生，室内覆盖是 5G 深度覆盖和容量吸收的重要手段。XR 终端、可穿戴设备、人工智能装备、物联网终端等将大量接入 5G 室内网络，它们对网络容量、带宽、实时性、可靠性、待机功耗等将提出差异化的需求，需要更灵活的 5G 室内网络功能支撑。

2. 满足不同场景个性化业务需求

5G 室内网络不仅要满足覆盖、容量需求，还要满足复杂场景下个性化业务需求。例如，在校园场景内需要更高的频谱效率以提高网络容量；在购物中心需要网络提供大数据分析能力，洞察用户访问和消费行为；在体育场馆需要满足业务潮汐效应，实现资源的灵活分配和节能；在智慧工厂满足视觉应用上行大带宽的同时，还要提供低功耗、高密度传感器及室内资产定位等功能。

3. 设备多频化和高频化

（1）Sub 6GHz 频段重耕。

目前运营商普遍选择 Sub 6GHz 作为 5G 覆盖主力频段以满足更高效的覆盖，未来随着 2G/3G/4G 的退网，将有更多的频段重耕到 5G，为运营商提供更多的容量保障。

（2）特殊频段。

在行业专网上行大带宽的特殊场景下，采用异频和特殊帧结构，提供上行大带宽需求。例如，可以在工厂车间、地下隧道等特定区域使用 4.9GHz 频段 1D3U 帧结构，以满足高清视频类回传需求。

（3）毫米波。

随着 5G 终端渗透率的提高及毫米波产业的成熟，在大型体育场馆、会展中心、演唱会场地等热点场景可以通过增加部署毫米波网络，来满足大容量、大带宽的需求。

（4）非授权和专用频段。

未来越来越多的家庭和企业私有无线网络将利用 WiFi 6 或 NR-U 技术部署专用的非授权频段，如 6GHz 频段。

4. 异构网络融合

未来的室内网络将是 4G、5G、WiFi 多频异构共存的融合架构，甚至还将与超宽带（Ultra Wide Band，UWB）、射频识别技术（Radio Frequency Identification，RFID）、Zigbee 等非 3GPP 无线技术融合组网，满足室内定位、工业物联网等业务场景需求。

5.7　本章小结

　　室内覆盖是 5G 网络主要应用场景。5G 网络建设应以保持室内覆盖领先为目标，室内覆盖解决方案需要面向 5G 演进和增强。首先，需要利用新型数字微站和数字化皮基站的新产品、新手段增强室内覆盖；其次，充分发挥存量室内分布系统的优势，采用 5G 增速器、POI 改造、错层 MIMO 等低成本、高效率的室内分布式改造方案，分场景精准建设，提升 5G 室内网络用户感知体验；最后，采用 5G 室内分布式 Massive MIMO 增强大规模多天线联合收发技术，突破 5G 室内分布系统的容量瓶颈，打造室内精品网络。

第6章

面向垂直行业的 5G 增强技术

6.1 概述

随着 5G 从概念走向现实，垂直行业市场将成为运营商未来重要的利润增长点。在与各行各业的合作和创新过程中，5G 的潜能与价值正在不断被释放。5G 不但能给消费者带来更优的业务体验和丰富的业务应用，而且能帮助垂直行业获得先进的数字化生产力以提升行业竞争力。5G 与之前的信息通信技术相比更具颠覆性，呈现出更高价值，催生了新产业、新业态、新模式，促使千行百业向数字化、智能化方向演进，有效拉动了全社会数字经济高质量发展。

5G 通过网络切片技术、QoS 控制、低时延、高可靠性、移动边缘计算（Mobile Edge Computing，MEC）、专网组网等关键技术，构建一张适用于行业的柔性新网络，利用大带宽、低时延、高可靠性和海量连接的扩展能力驱动垂直行业快速走向数字化转型之路。

6.2 5G 无线网络切片技术

6.2.1 网络切片技术原理

5G 网络切片技术（Network Slice）就是将一个物理网络切割成多个虚拟的端到端网络。每个虚拟网络之间在逻辑上独立，包括网络内的设备及接入网、传输网和核心网。任何一个虚拟网络发生故障都不会影响其他虚拟网络。每个虚拟网络具备不同的功能特点，面向不同的需求和服务。

3GPP TS 38.300 中对网络切片的定义是，由运营商使用，基于同客户签订的业务服务协议，为不同垂直行业、不同客户、不同业务，提供相互隔离、功能可定制的网络服务，是一个提供特定网络能力和特性的逻辑网络。逻辑网络切片由网络切片实例承载，包括一些网络功能实例及所需要的资源（如计算、存储及网络资源）。网络切片提供了一个不仅包括网络，还包括计算和存储功能的端到端系统，目标是允许移动网络运营商划分网络资源，以允许不同的用户复用单个物理基础设施。由此可知，网络切片是一种特定的虚拟化形式，允许多个逻辑网络在共享的物理网络基础设施之上运行。

通常，5G 网络应用场景被划分为三类：移动宽带、海量物联网和任务关键性物联网。它们各自的服务需求不同。如图 6.1 所示，5G 网络采用网络切片将一个物理网络分成多个虚拟的逻辑网络，分别对应不同的应用场景，满足行业应用中高速率、低时延、高可靠性、海量连接和资源保障的差异化需求。

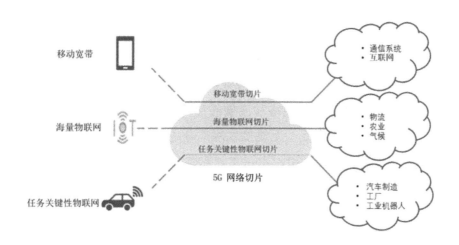

图 6.1　5G 网络切片应用示意图

6.2.2　网络切片的架构

网络功能虚拟化（NFV）是网络切片实现的先决条件。网络采用 NFV 和 SDN 技术后，网络切片才能真正实施。网络切片是一个端到端的复杂系统工程，主要涉及接入网络、核心网络、数据网络和服务网络。切片的核心思想是将网络水平"切"成多个虚拟子网络。

5G 网络结构如图 6.2 所示。5G 网络中，主要终端设备是手机，网络中的无线接入网部分［包括数字单元（DU）和射频单元（RU）］及核心网部分都采用设备商提供的专用设备。

图 6.2　5G 网络结构

NFV 和 SDN 技术将成为构筑未来 5G 网络云化架构的基石。NFV 将传统网络实体的软硬件分离，对网络功能进行软件化，实现了网络硬件资源的共享，促成了网络功能的快速部署及业务容量的按需灵活分配。SDN 通过控制转发平面的分离，简化网络和流量的管理控制功能，推动了虚拟化网络的发展。网络经过 NFV 后，无线接入网部分成为边缘云（Edge Cloud），核心网部分成为核心云（Core Cloud）。边缘云中的虚拟机和核心云中的虚拟机通过 SDN 互联互通。5G 网络云化如图 6.3 所示。

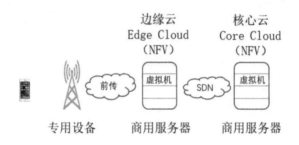

图 6.3　5G 网络云化

在 5G 网络云化的基础上，针对不同的应用场景实现网络切片部署，如图 6.4 所示，网络被"切"成 4"片"。

（1）高清视频切片：将原网络中数字单元（DU）和部分核心网功能虚拟化，与存储服务器集成后，统一放入边缘云；将部分被虚拟化的核心网功能放入核心云。

（2）手机切片：将原网络中无线接入网部分的数字单元虚拟化后放入边缘云；将原网络中核心网功能（包括 IMS）虚拟化后放入核心云。

（3）海量物联网切片：由于大部分传感器都是静止不动的，因此不需要移动性管理。

（4）任务关键性物联网切片：由于部分工业物联网场景中对时延要求苛刻，为了最小化端到端时延，任务关键性物联网切片需要将原网络中核心网功能和相关服务器下沉到边缘云。

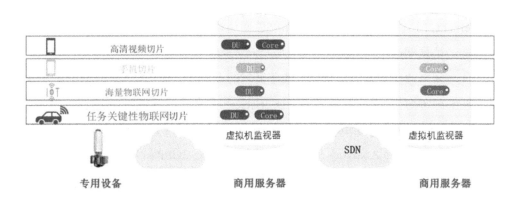

图 6.4　网络切片部署

在网络切片实现过程中，编排（Orchestration）与自动化是关键。编排利用网络功能虚拟化基础设施（NFV Infrastructure，NFVI）里的资源形成虚拟化网络功能（Virtual Network Function，VNF），具备快速创建新服务的能力，具备应用模板驱动（Template Driven）切片创建环境的能力，具备切片参数多样化的配置能力，以满足不同的商业用例需求。切片部署自动化具备弹性伸缩能力和还原能力，通过服务质量监控可动态优化切片性能。

由此可知，网络切片不是一项单独的技术，是基于云计算、NFV、SDN、分布式云架构等几大技术群实现的，通过上层统一的编排让网络具备管理、协同能力，实现基于一个通用的物理网络基础架构平台同时支持多个逻辑网络的功能。5G 网络所提供的端到端网络切片能力，可以将所需的网络资源灵活、动态地在全网中面向不同的需求进行分配和能力释放，并进一步优化网络连接，降低成本，提升效益。

6.2.3　网络切片 SLA 的增强

网络切片技术是 5G 网络为不同应用场景提供差异化服务的关键技术。通过网络切片，运营商在一个通用物理平台上构建多个专用的、虚拟的、隔离的、按需定制的逻辑网络，以满足不同行业用户对网络能力的不同需求（如时延、带宽、连接数等）。5G 中不断涌现的业务场景提出服务等级协定（Service Level

Agreement，SLA）的差异化需求，使得 5G 网络切片可以为行业应用提供可定制、可感知、可预期的通信服务。

面对未来通信场景的复杂化、业务需求的多样化、业务体验的个性化，目前的 5G 网络仍缺乏足够的智能来提供按需服务和更高的网络资源利用效率。因此，3GPP 拟将人工智能（Artificial Intelligence, AI）引入 5G 网络，新增网络数据分析功能（Network Data Analytics Function，NWDAF）。3GPP 针对 5G 网络智能化的研究很早就已启动，在 R15 版本中首次引入 NWDAF 网元，用于辅助网络切片负荷分析，以优化网络切片选择策略和 5G QoS 决策。NWDAF 通过收集网络切片的资源使用情况、业务量、用户业务体验等信息，利用可靠的分析和预测模型，实现对网络切片业务量、资源需求、网络切片用户业务体验的统计和预测，构建网络切片画像，优化网络切片资源分配和网络切片选择策略等。

基于收集业务的 SLA 体验数据和切片 KPI 数据，NWDAF 采用 AI 算法建立 SLA 体验和网络收集数据的关联模型，可以实时监控网络资源配置是否满足网络切片用户的业务体验，评估网络资源配置满足切片 SLA 的程度。如果当前网络资源超额满足切片 SLA 要求，则切片管理系统可以降低切片的资源配置；如果当前网络资源不能满足切片 SLA 要求，则切片管理系统可以提升切片的资源配置。

以 RAN 侧的资源调度为例，目前主要通过调度的方式对切片在 RAN 侧的业务表现进行保障。由于用户的移动和无线环境的复杂性，静态的参数配置无法满足业务质量的要求。通过引入 NWDAF，将 RAN 侧的调度和当前 SLA 的参数情况对应起来。比如新建切片必须保障空口资源占比达到 15%、最大空口资源占比达到 70%，经过切片管理系统分析后，确认无法满足切片 SLA 要求。切片管理系统需要提升无线侧资源配置，保障空口资源占比从 15%提高到 20%，最大空口资源占比从 70%提高到 80%，切片管理系统将新的资源配置下发到无线侧。基于 NWDAF 的切片 SLA 增强如图 6.5 所示。

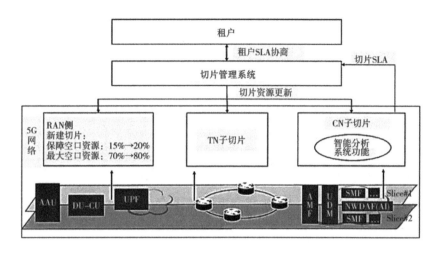

图 6.5　基于 NWDAF 的切片 SLA 增强

6.3　5G QoS 优先级调度

5G 的核心价值在于行业应用。如何面向垂直行业实现差异化的资源调度，满足用户体验，是当前运营商面临的重要挑战之一。无线网络作为 5G 终端大规模接入的关键点，差异化的等级保障策略至关重要。在 5G 商用初期，QoS 策略是无线网络实现不同等级业务差异化设计的关键手段，主要用于在无线信道质量和网络负载情况变化等复杂条件下保障传输时延、传输速率、可靠性等性能指标。针对某项特定业务而言，5G QoS 将为其建立一个从终端到核心网用户面的端到端逻辑通道，并采用一组 QoS 参数描述其业务需求，端到端环节的设备将基于 QoS 参数对数据流进行差异化的资源分配和调度处理。

6.3.1　5G QoS 模型

1. 5G QoS 基本概念

5G QoS 模型中涉及的重要概念包括 UE、PDU Session、QoS Flow、QFI、QoS

Rule 和 PDR，详细介绍如下。

（1）UE：用户终端。

（2）PDU Session（PDU 会话）：UE 与提供其 PDU 连接服务的数据网络（DN）之间建立的关联，主要用来传输数据单元。一般而言，每个业务需要建立一个 PDU 会话。

（3）QoS Flow（QoS 流）：5G 系统中 QoS 转发处理的最小粒度，也是 5G 网络中实现 QoS 差异化保障的基本单位。

（4）QFI（QoS Flow Identifier，QoS 流识别号）：用于识别 PDU 会话中的 QoS 流，同一个 PDU 会话内的 QFI 不会重复，不同 PDU 会话中的 QFI 可以重复。

（5）QoS Rule（QoS 规则）：UE 用于执行上行用户面流量的分类和标记，主要用来关联 UE 上行流量和 QoS 流。

（6）PDR（Packet Detection Rule，分组检测规则）：包含对于到达 UPF 的数据分组进行分类所需的信息，主要用于对下行数据包进行分类和映射，UPF 上下行 PDR 都在 SMF 中配置。

2. 5G QoS 流规则

在 5G 系统中，QoS 流是实现差异化保障的基本单位，1 条 PDU 会话内要求有 1 条关联默认 QoS 规则的 QoS 流，这个 Non-GBR 类型的 QoS 流在 PDU 的整个生命周期内存在。默认 QoS 流对应默认承载，匹配所有数据流量。默认所有流量都包含在默认 QoS 流中，后续建立的 QoS 流被称为专有 QoS 流，对应专有承载。专有 QoS 流包含一个或者多个 QoS 转发规则，全部由 PCF 控制，既可以在 PDU 会话建立流程或者修改流程中形成，也可以预先配置。SMF 是执行 QoS 控制的网络功能实体，QoS 规则信息首先由 SMF 从 PCF 中获取，然后下发给 UE、AN、UPF。以视频回传应用为例，业务对应的专有 QoS 流在 PDU 会话建立流程中形成，此专有 QoS 流对应的 QoS 规则由 SMF 通过 AMF 提供给 UE，那么 PDU 会话建立后，UE 产生的上行视频流量就会自动匹配到此专有 QoS 流。

3GPP 标准定义的 5G 业务流量分类和映射流程如图 6.6 所示。业务流量分为上行流量和下行流量。上行方向的流量数据包由 UE 按 QoS 规则进行具体分类和映射，关联到对应的 QoS 流，多个不同的 QoS 规则可以对应同一个 QoS 流。下行方向的流量数据包由 UPF 根据 SMF 下发的分组检测规则进行分类和映射，如果没有匹配的 PDR，则 UPF 将丢弃下行数据报文。

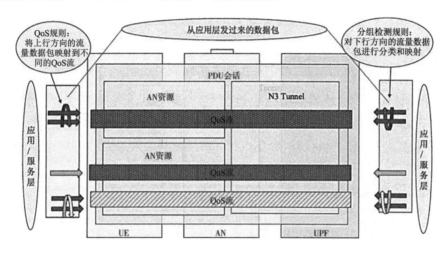

图 6.6　3GPP 标准定义的 5G 业务流量分类和映射流程

3. 5G QoS 的基本参数

5G QoS 流可以划分为保证比特率（Guaranteed Bit Rate，GBR）、非保证比特率（Non-GBR）和时延苛刻 GBR 三种资源类型。其中，时延苛刻 GBR 型 QoS 流是一种对时延非常敏感的 GBR 类型业务，是为了满足 5G 特有的低时延特性而提出的一种新的资源类型。

QoS 中最重要的两个参数是 5G QoS 等级（5G QoS Identifier，5QI）和分配与保持优先级（Allocation and Retention Priority，ARP）。其中，5QI 是一个标量，可用于索引一个 5G QoS 特性，标准的 5QI 值与对应的一组 QoS 特性在 3GPP 中都有明确定义。ARP 参数表示用户资源抢占与被抢占的特性。ARP 中又包括三个参数：优先级、可抢占性、可被抢占性。其中，优先级参数标识抢占优先级的值，数值越低，优先级越高；可抢占性参数是指一个业务流是否可以抢占低优先级的业务流的资源；可被抢占性参数是指一个业务流的资源是否可以被高优先级的业务流抢占。

GBR 型 QoS 流一般还会包含保证流比特率（Guaranteed Flow Bit Rate，GFBR）和最大流比特率（Maximum Flow Bit Rate，MFBR）两个必要参数。其中，GFBR 表示单个 QoS 流分配到的可保证比特率；MFBR 表示单个 QoS 流分配到的最大比特率。

Non-GBR 型 QoS 流包含两个聚合最大比特率（Aggregated Maximum Bit Rate，AMBR）必要参数：UE-AMBR 和 Session-AMBR。其中，UE-AMBR 表示单个 UE 发出的所有 Non-GBR 型 QoS 流比特率总和的最大值；Session-AMBR 表示单个 PDU 会话内所有 Non-GBR 型 QoS 流比特率总和的最大值。

6.3.2 5QI 在 5G 2B 业务中应用

3GPP TS 23.501 中详细定义了标准 5QI 到 5G QoS 特性的映射。5QI 的概念是从 4G QoS 等级标识（QoS Class Identifier，QCI）概念演变而来的。相对 4G 的 9 种 QCI 等级而言，5G 增加了十几个新的 5QI 等级。对于业务的分类更加精细。表 6.1 列出了典型 GBR 业务的 5QI QoS 映射关系。表 6.2 列出了典型 Non-GBR 业务的 5QI QoS 映射关系。这两个表格可供 5G 2B 业务设计时参考。

表 6.1 典型 GBR 业务的 5QI QoS 映射关系

5QI 值	优先级	包延迟/ms	丢包率
1	20	100	10^{-2}
2	40	150	10^{-3}
3	30	50	10^{-3}
4	50	300	10^{-6}
65	7	75	10^{-2}
66	20	100	10^{-2}
67	15	100	10^{-3}
71	56	150	10^{-6}
72	56	300	10^{-4}
73	56	300	10^{-8}
74	56	500	10^{-8}
76	56	500	10^{-4}

表 6.2　典型 Non-GBR 业务的 5QI QoS 映射关系

5QI 值	优先级	包延迟/ms	丢包率
6	80	300	10^{-6}
7	70	100	10^{-3}
8	80	100	10^{-6}
9	90	100	10^{-6}

由表 6.1 和表 6.2 可知，在空口资源分配时，对于不需要严格保障带宽但又要求一定 QoS 保障的 2B 用户，运营商在业务设计时可将其业务类型配置成 Non-GBR 类型。而对于需要一定资源保障的 2B 用户，比如有保障带宽的 5G 上行业务，可将其业务类型配置成 GBR 类型。在业务设计时可以通过设置不同的 5QI 参数来区分不同用户的 SLA 等级。

6.3.3　5G QoS 优先级调度策略

在实际实现过程中，GBR 业务和 Non-GBR 业务调度策略完全不同：GBR 业务的保障带宽与 GFBR 和 MFBR 等预先设定的参数值有关，Non-GBR 业务中通常使用优先级调度加权因子参数差异化控制承载间的调度优先级。

（1）GBR 类型调度策略。

GBR 业务流根据核心网下发策略中的 GFBR 来分配带宽资源。当带宽需求不超过 GFBR 时，业务流可以得到资源保障；而当带宽需求位于 GFBR 与 MFBR 之间时，带宽资源分配需要视空口资源的占用情况而定。当空口不拥塞时，业务流可以得到资源保障；当空口拥塞时，部分或者全部业务流被丢弃。此策略针对每个 QoS 流，不针对整个会话。

（2）Non-GBR 加权因子调度策略。

5G 基站支持基于 5QI 配置的调度优先级，在空口质量、时延等因素基本一致的情况下，Non-GBR 业务的实际上下行带宽分配与上下行调度优先级加权因子存在一定的线性关系。下面介绍以基站上行调度策略为例，Non-GBR 用户在 gNodeB 拥塞情况下的带宽分配算法。

假设 gNodeB 上行带宽为 S，当前在线用户数为 n，n 个用户对应的 5QI 值分别为 Q_1，Q_2，Q_3，…，Q_n，每个 5QI 值对应的上行调度优先级加权因子分别为 W_1，W_2，W_3，…，W_n，各用户当前实际产生的上行带宽为 R_1，R_2，R_3，…，R_n。

如果将上行总速率完全按照加权因子进行分配，则第 i 个用户应分配到的带宽 $B_i = S \times W_i / \sum_{k=1}^{n} W_k$。

当空口资源发生拥塞时，用户在基站实际分配到的上行带宽 计算方法分为以下两种情况：

① 如果 Ri＜Bi，则实际分配到的带宽 Fi＜Ri，即与实际产生的上行带宽一致。

② 如果 R_i＜B_i，则按（1）的算法，遍历所有用户，假设实际分配到的上行带宽与实际产生的上行带宽一致的用户为第 m 号、第 m+1 号……第 k 号，则其余用户在空口实际分配到的上行带宽小于用户实际产生的上行带宽，具体计算方法为

$$F_i = \left[S - \sum_{z=m}^{k} F_z \right] \times W_i / \left[\sum_{z=1}^{m-1} W_z + \sum_{z=k+1}^{n} W_z \right]$$

6.3.4　5G QoS 与网络切片关系

5G 时代 2B 赋能价值凸显。不同垂直行业业务在带宽、时延、抖动、丢包率等方面具有差异化需求，要求运营商必须面向不同的行业客户提供差异化的解决方案。QoS 机制是一种通用的业务差异化保障机制，QoS 流通过 QoS 参数设置获得不同的资源承载。网络切片不仅为业务建立端到端的逻辑通道，还提供所需的物理资源和虚拟资源，能够在端到端的层面上对物理网络进行逻辑划分。针对不同行业用户定制网络需求，保证资源的可用性、可靠性及安全隔离，实现最佳流量分组。虽然网络切片可以让运营商实现在一个硬件基础设施中切分出多个在虚拟逻辑上相互隔离的端到端网络，可以适配各种类型服务的不同特征需求，但同一切片内的 QoS 要求也存在很大差异，同一切片内不同需求的用户需要定制不同

的 QoS。

　　总之，QoS 机制代替不了网络切片，网络切片不能适应所有行业场景，两者应相互补充协同，共同为垂直行业应用提供定制化服务。

6.4　uRLLC 高可靠性、低时延关键技术

　　作为 5G 三大应用场景之一，uRLLC 具有超低时延、超高可靠特性，广泛应用于工业控制、自动化、车联网、远程医疗等垂直行业：一方面，可以实现基站与终端之间用户面上下行时延均低至 0.5ms；另一方面，可以满足可靠度达到 10^{-5} 级别的数据传输需求。

6.4.1　uRLLC 低时延关键技术

　　3GPP R15 版本对 uRLLC 空口时延提出的要求为单向 0.5ms。R16 版本对 uRLLC 空口时延提出双向 0.5ms 的要求。为达到降低时延的目的，NR 对空口进行了多项针对性设计，提出一些增强技术方案，主要包括 mini-slot、自包含时隙调度方式、上行免授权调度传输、时间敏感网络等。

1. mini-slot

　　NR 在时域上包括帧、子帧和时隙三个概念。在 LTE 中，子帧长 1ms，时隙固定长 0.5ms，由 7 个 OFDM 符号组成。相比于 LTE 采用固定长度的时隙，NR 中引入灵活的参数集设计，时隙长度与子载波间隔成反比，每个时隙由 14 个 OFDM 符号组成。在 Sub 6GHz 频段，NR 支持 15kHz、30kHz 和 60kHz 的子载波间隔，对应时隙的长度分别为 1ms、0.5ms 和 0.25ms。

　　在 LTE 中，调度的基本单位为子帧，即传输时间间隔（Transmission Time Interval，TTI）等于 1ms。在 NR 中，TTI 的基本单位是时隙，包括 1ms、0.5ms 和 0.25ms。此外，NR 中为了进一步增加调度机会和降低数据传输时延，同时引

入 mini-slot 的概念，下行支持 2/4/7 个符号的 TTI。基于时隙的调度在一个时隙内仅有 1 次调度机会，基于 mini-slot 的调度可在一个时隙内有多次调度机会，可以降低数据的发送等待时延。不同于 LTE 中即使小数据包也需要最短 1ms 的时间发送，5G NR 基于时隙或 mini-slot 的调度机制可以降低数据传输时延，从而能让基站或终端更快地将数据包交付高层。

2. 自包含时隙调度方式

相比于 LTE 固定 4ms 间隔 HARQ-ACK/NACK 反馈，5G NR 支持灵活、可配置的 HARQ-ACK/NACK 反馈间隔，最短可在同时隙内进行 HARQ-ACK/NACK 反馈。当初次传输失败时，5G NR 可使基站更快地接收到重传指示，进而降低重传的时延。如图 6.7 所示，自包含时隙就是在一个时隙内分配上下行符号和控制符号，实现上行快速反馈，降低时延。

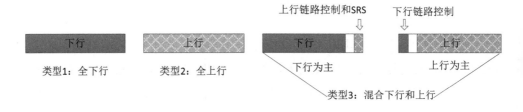

图 6.7　自包含时隙示意图

3. 上行免授权调度传输

除了支持常规的基于调度请求（Scheduling Request，SR）的方式，5G NR 在上行调度中还支持 Type1 和 Type2 两种免授权调度传输方式。免授权调度传输方式 Type1 通过 RRC 信令配置周期、频域资源、时域偏置、调制编码等参数，终端在接收到 RRC 信令后，根据其中的时域偏置进行授权配置的激活，适用于一些资源调度周期无须频繁变化、特性稳定的业务。免授权调度传输方式 Type2 虽然也通过 RRC 信令进行周期配置，但由 PDCCH 激活指示的传输资源参数与授权配置。免授权调度传输方式 Type2 相对于 Type1 是一种更为灵活的免授权调度传输方式，可进行更加灵活的激活与去激活操作，适合一些随机发生的短时间段业务。免授权调度可以事先进行资源预留，节省信令交互开销，空口时延降低 2～4ms。

4. 时间敏感网络

NR 在 R16 版本中进一步支持时间敏感网络（Time Sensitive Network，TSN），通过在广播消息 SIB9 或专用的 RRC 消息中发送高精度的参考时间，保障主时钟和终端时钟的精确时间同步，实现时间敏感传输。针对工业互联网的多种业务需求和匹配不同业务的发送时间规律等问题，TSN 支持在一个 BWP 中配置多个 SPS（Semi Persistent Scheduling，半静态调度）和 CG（Configured Grant，配置授权）以适配不同业务的时间同步需求。另外，TSN 还通过以太网报头压缩机制提高数据传输效率，降低时延。

6.4.2　uRLLC 高可靠性关键技术

3GPP R15 版本对可靠性提出的要求为可靠度要达到 99.999%，R16 版本对可靠性提出的要求为可靠度达到 99.9999%。为达到高可靠性的要求，5G NR 在空口和高层协议层进行了针对性设计与增强。总体来说，提高传输可靠性的方法主要包括降低编码率和增加分集增益。

（1）为提高传输的可靠性，5G NR 为 uRLLC 业务单独设计了一套调制与编码策略（Modulation and Coding Scheme，MCS）映射表格，通过降低编码率并限制最高调制方式为 64QAM 的方式来增加传输的成功率以提升可靠性。与此同时，保障数据一次传输即可成功发送，也降低了时延。

（2）NR 还支持基于时隙的重复传输，最多可以在 8 个时隙中重复传输相同的数据，同时增加了数据传输的时延。所以在 R16 版本中，5G NR 将对重复传输进行增强，数据的重复传输可基于 mini-slot，在提升可靠性的前提下进一步降低了传输时延。

（3）在 PDCP 层，NR 支持 PDCP 层的两条支路复制机制，数据包可在 PDCP 层复制，分别在两个独立的逻辑信道传输，既实现了分集增益，也提高了可靠性。

（4）为了获得更多的分集增益，在 R16 中 NR 还将支持 Multi-TRP（多个 TRP）传输方式，可以从两个或多个 TRP 发送相同的数据，并在接收端进行软合并，提升解码的成功率。Multi-TRP 传输方式包括空分复用（SDM）、频分复用（FDM）、时隙内时分复用和时隙间时分复用四种，并支持这四种方式的任意组合以及动态转换。

（5）3GPP R16 版本中引入了 24 比特的压缩 DCI，通过降低 DCI 的大小及采用高聚合等级降低编码率，提升传输的可靠性。压缩 DCI 通过改变指示域的指示方式以及灵活配置每个指示域的大小，可以实现比 DCI Format 0_0/1_0 更小的有效载荷。另外，引入压缩 DCI 可以优化小区中多用户并行业务的情况，减少由于缺少 PDCCH 资源导致 PDCCH 被阻塞而无法进行调度的情况，在一定程度上起到了降低时延的作用。

（6）用户面双连接，冗余发送，属于架构方面的增强，面向高可靠性场景，3GPP R16 提出用户面双连接技术方案，如图 6.8 所示。在 UE 和数据网之间建立两个独立的 PDU 会话，双 PDU 会话应用数据冗余发送，提高端到端的用户面传输可靠性，RAN 覆盖要满足冗余需求。

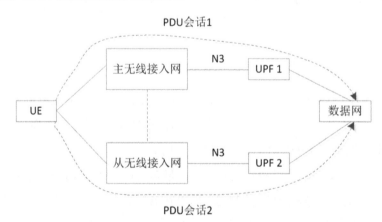

图 6.8 用户面双连接技术方案

（7）条件切换零中断，提升可靠性。如图 6.9 所示，UE 先与目标基站（M-gNB）建立连接，保持一段时间的并行传输，再释放与源基站（S-gNB）的连接。UE 维护两套 PHY/MAC/RLC/PDCP 协议栈，同时收发两路数据流。条件切换就是提前给终端提供多套候选小区参数，无须等待网络切换命令，直接切换。

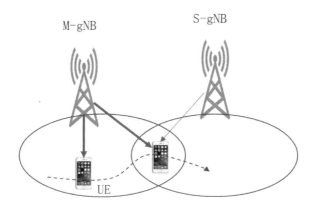

图 6.9　条件切换

6.5　移动边缘计算

移动边缘计算（MEC）的基本思想是将云计算平台从移动核心网内部迁移到移动接入网边缘，实现计算及存储资源的弹性利用。这一概念将传统电信蜂窝网络与互联网业务深度融合，旨在降低移动业务交付的端到端时延，发掘无线网络的内在能力，提升用户体验，实现 5G 网络的行业价值。5G 网络如何有效地与边缘计算相结合、降低业务时延和带宽开销、提升业务体验一直都是业界研究的重点。

6.5.1　MEC 的架构设计

3GPP R15 版本中已经支持边缘计算，提供架构、移动性、会话管理等方面能力，并在随后的版本中不断增强。3GPP SA2 在 R17 阶段通过了 5G 边缘计算特性增强项目，将更深入地研究面向边缘计算的 5G 网络一系列增强技术问题。依据 3GPP TS23.501 中 5G 核心网系统架构图，并结合欧洲电信标准组织（European Telecommunications Standards Institute，ETSI）的边缘计算平台，5G MEC 融合的系统架构设计如图 6.10 所示。

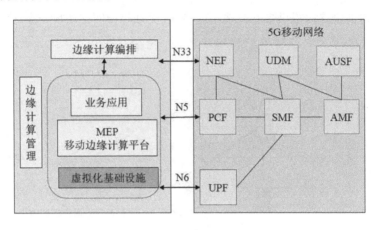

图 6.10　5G MEC 融合的系统架构设计

　　边缘计算相关的功能由移动边缘计算平台（MEC Platform，MEP）实现，还需要与业务运营支撑系统（Business and Operation Support System，BOSS）以及网络支撑系统协同。UPF 实现 5G 边缘计算的数据面功能，MEP 为边缘应用提供运行环境并实现对边缘应用的管理。根据具体的应用场景，UPF 和 MEP 可以分开部署，也可以一体化部署。在终端发起业务建立会话连接时，5G 核心网中的 SMF 将选择靠近终端的 UPF，实现本地路由建立和数据分流。PCF 为本地数据提供 QoS 控制策略和计费策略。针对 5G UPF 分布式下沉部署及业务应用本地化所带来的会话及业务连续性（Session and Service Continuity，SSC）模式问题，3GPP 给出了 3 种 SSC 模式：分布式锚点、会话分流和多 PDU 会话。在 5G 场景下，当用户访问不同类型的应用时，为满足应用的业务连续性需求，可以根据业务需求灵活定义不同类型的 SSC 模式。作为应用功能的一种特殊形式，MEC 将 5G 移动网络与互联网业务深度融合，降低用户业务交互的端到端时延，通过与无线网络交互，充分利用网络开放信息，为客户提供更优越的体验。

6.5.2　MEC 的关键技术

　　作为 5G 关键技术之一，MEC 将原本位于云数据中心的服务和功能"下沉"

到移动网络边缘（如基站、无线接入点等），在移动网络边缘提供计算、存储、网络和通信资源。通过网络资源开放、能力开放、边缘内容缓存、计算卸载、服务迁移等关键技术的支撑，MEC 支持垂直行业超低时延、超高能效、超高可靠性等关键技术指标。

（1）网络资源开放：MEC 可提供平台开放能力，在服务平台上集成第三方应用或在云端部署第三方应用。资源开放系统主要包括 IT 基础资源的管理单元（如中央处理单元、图形处理单元、计算单元、存储及网络单元等），并具备能力开放控制功能及路由策略控制功能。

（2）能力开放：通过公开 API 的方式为运行在 MEC 平台主机上的第三方 MEC 应用提供无线网络信息、位置信息等多种服务。能力开放系统包含能力开放信息、API 和接口。API 支持的网络能力开放主要包括网络及用户信息开放、业务及资源控制功能开放。

（3）边缘内容缓存：随着 5G 虚拟现实和增强现实（VR／AR）、在线 3D 游戏及多媒体等新兴应用的不断涌现，5G 无线网络面临越来越大的流量压力。为了应对高负载，业内选择 MEC 边缘内容缓存作为减少网络流量负载的解决方案。在边缘内容缓存中，通过主动缓存非高峰时段的网络负载，可以减少峰值流量对网络带宽的需求。由于边缘内容缓存的缓存单元部署在网络边缘，不仅可以更快地实现请求响应，还可以减少网络中相同内容的重复传输，从而提高缓存效率。

（4）计算卸载：计算卸载是 MEC 的关键技术之一，允许边缘移动设备在能量、延迟和计算能力等的约束下，将全部或部分计算任务卸载到边缘节点，以打破移动设备在计算能力、电池资源和存储可用性等方面的限制。计算卸载主要包含卸载决策和资源分配两个问题。其中，卸载决策研究用户终端要不要卸载、卸载多少和卸载什么的问题，资源分配则是研究将资源卸载到哪里的问题。

（5）服务迁移：MEC 边缘服务器覆盖范围受限和用户的移动性可能导致网络性能和服务质量（QoS）下降，甚至导致正在进行的边缘服务发生中断。为了确保用户移动时的服务连续性，实现无缝服务迁移特别重要。当用户在相邻或重叠的地理区域移动时，即从一个 MEC 服务区域移动到另一个 MEC 服务区域时，既可以继续通过边缘连接在原边缘服务器上服务，也可以跟随用户的移动将服务迁移到另一个边缘服务器上。

6.5.3 MEC 的应用场景

MEC 通过将云计算和云存储部署到移动网络边缘，更近距离地为移动客户提供低时延、高可靠性的数据服务，是助力 5G 移动网络实现业务本地化、数字化、智能化的关键技术之一。MEC 的应用场景可分为本地分流、数据服务和业务优化三大类。

（1）本地分流：主要应用于传输受限场景和低时延场景，包括企业园区、校园、本地视频监控、VR/AR 场景、本地视频直播、边缘内容分发网络（Content Delivery Network，CDN）等。

（2）数据服务：包括室内定位、车联网等。

（3）业务优化：包括视频 QoS 优化、视频直播和游戏加速等。

目前，在 5G 垂直行业应用中，智能制造、智慧城市、游戏直播和车联网 4 个领域对边缘计算提出明确的需求。

在智能制造领域，工厂利用边缘计算智能网关进行本地数据采集，并进行数据过滤、清洗等实时处理。同时，边缘计算还可以提供跨层协议转换能力，实现碎片化工业网络的统一接入。

在智慧城市领域，MEC 应用主要集中在智慧楼宇、物流和视频监控等几个场景。边缘计算可以实现对楼宇各项运行参数的现场采集分析，并提供预测性维护的能力，对冷链运输的车辆和货物进行监控和预警，并能利用本地部署的 GPU 服务器，实现毫秒级的人脸识别、物体识别等智能图像分析。

在游戏直播领域，边缘计算可以为 CDN 提供丰富的存储资源，并在更加靠近用户的位置提供音视频的渲染能力，让云桌面、云游戏等新型业务模式成为可能。特别是在 VR/AR 场景中，边缘计算的引入可以大幅降低 VR/AR 终端设备的复杂度，降低成本，促进整体产业的高速发展。

在车联网领域，业务对时延的需求非常苛刻，边缘计算可以为防碰撞、编队等自动/辅助驾驶业务提供毫秒级的时延保证，同时可以在基站本地提供算力，支撑对高精度地图的相关数据处理和分析，更好地支持视线盲区的预警业务。

6.6　面向行业的 5G 专网组网

2023 年，我国 5G 网络建设迈入商用部署加速期。5G 不但能给消费者带来更优的业务体验和丰富的业务应用，而且 5G 大带宽、低时延、高可靠性的特性和海量连接扩展能力正快速驱动垂直行业的数字化转型，并不断在各领域落地实施，垂直行业应用已成为 5G 快速发展的重要驱动力。5G 既面向大众用户提供传统意义上的电信网络服务，又面向垂直行业提供 5G 专网能力。如何建设 5G 2B 专用网络，增强网络能力，助力 5G 服务 2B 垂直行业用户和已有 2C 网络共存和协同演进，已成为业界共同关注的焦点。

6.6.1　5G 2B 专网解决方案

垂直行业对通信网络的需求存在巨大差异，甚至同一行业不同场景的需求也不同：一方面，5G 要能为行业提供确定性的业务体验，包括带宽、时延、抖动、可靠性、安全性等方面的 QoS 能力；另一方面，具体到个性化应用场景，又要求一张网络能同时满足千行百业的应用需求。5G 与垂直行业的结合并不是简单地叠加，而是在深刻剖析行业场景特性的基础上，将 5G 能力与行业需求匹配和深度融合，从技术、功能等方面重新讨论定义并标准化，最终在逻辑和功能上呈现适用于行业的 5G 专用新网络。

1. 3GPP 非公用网络方案

5G 2B 网络建设方案如图 6.11 所示。5G 2B 专网的四种典型建设方案在 3GPP 中被定义为非公用网络（Non-Public Network，NPN）。其中，方案一、方案二、方案三属于非独立组网的 NPN，即公共网络集成的 NPN（Public Network Integrated NPN，PNI-NPN），与 5G 网络及其他公共陆地移动网（Public Land

Mobile Network，PLMN）耦合，通常由电信运营商运营；方案四属于独立组网的 NPN（Standalone NPN，SNPN），通常由政府、企业独立运营。

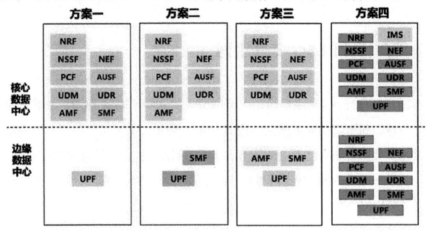

图 6.11　5G 2B 网络建设方案

2．2B 专网和 2C 网络建设方式

5G 2B 专网和 2C 网络可以采用分离建设或合设方案，分离建设方案如图 6.12 所示。

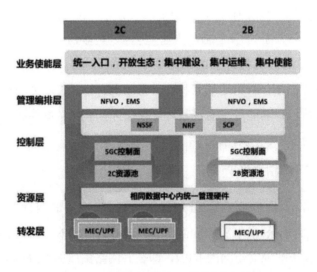

图 6.12　5G 2B 专网和 2C 网络分离建设方案

在标准化方面，3GPP R15 版本已满足 2C 网络 eMBB 场景的商用要求，当前 2C 标准相对成熟；3GPP R16/R17 版本增强演进标准主要用来更好地满足 2B 网络 uRLLC 及相关垂直行业的商用要求，2B 部分标准不成熟。分离建设方案既能够利用既有成果实现快速建网，又可满足业务快速创新，适应垂直行业发展。

在网络切片安全隔离方面，分离建设方案能统一管理切片，根据 2B 用户需求可以快速提供切片差异化服务保障能力。合设方案虽然能够应对普通的行业应用，但对于安全或隔离要求高的垂直行业则存在不足。

在 5G 专网与外部应用平台对接方面，在分离建设方案中 2B 控制管理平台通过快速对接可快速实现 5G 连接管理能力。在合设方案中，平台对接需要同时考虑 2C 和 2B 核心网控制面功能，对接方案相对复杂。

在业务开展方面，分离建设方案可有效隔离两张网络，实现灵活部署，快速建设和扩容。在 2B 和 2C 网络合设方案中，由于两者共享资源，任何需求都需要兼顾 2C 网络的安全可靠性，复杂程度高。在业务开通方面，分离建设方案能够做到 2C 和 2B 业务独立互不影响。合设方案中的 2B 业务开通或更改可能需要在跨 2B 节点的多个切片上进行操作，由于操作点多，所以更容易出错。

在运维方面，分离建设方案可采取与 4G 相同的运维模式，集中运维，可对故障精准定位，快速响应处理；而合设方案中的运维涉及多个部门，故障处理流程长，响应慢。从安全角度看，分离建设方案更优，网络规划更简单，配置更简单，维护界面更清晰，故障定位更迅速。

在建网和运维成本方面，分离建设方案所需投入要高于合设方案，无线基站需要对接两张核心网，核心网网元总数有所增加。

综合考虑，5G 2B 专网和 2C 网络推荐采用分离建设方案，可以减少 2B/2C 耦合，有利于快速建网、简化规划和控制运维成本。

3. 5G 2B 行业专网建设方案

如图 6.13 所示，5G 2B 行业专网可以与 5G 公共网络融合部署，在每个省份设置多个大区，控制面大区集中，在省会城市、地市或边缘园区部署 UPF。

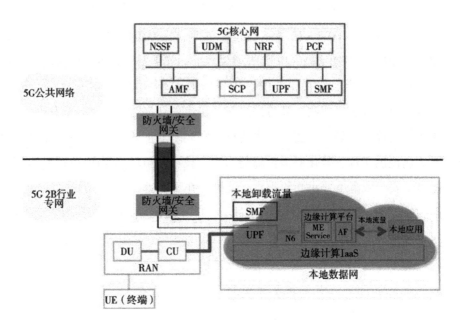

图 6.13　5G 2B 行业专网与 5G 公共网络融合部署方案

在建设策略上，可以对不同网元采取不同的建设方案。针对短消息服务功能（Short Message Service Function，SMSF），可以全国集中建设，比如按地域划分，在南方、北方大区中心各设置一套 SMSF，分别覆盖全国南北各省。针对 PCF、UDM、NRF、NSSF（Network Slice Selection Function，网络切片选择功能）等网元，可以以省为单位建设，大区之间可以共用；针对 AMF、SMF、CHF（Charging Function，计费功能）等网元，在每个大区分别集中设置，2B 与 2C 网络共用。针对 2B 专线 UPF，建议在省会城市集中建设，每个大区都有各自专线 UPF，兼作所在省会城市的边缘 UPF。边缘 UPF 用于业务分流，通过 N9 接口接入专线 UPF，接入专线业务平台，可以规划 5Gbps、20Gbps、50Gbps、100Gbps 等多种吞吐量模型，提前在地市规划部署，满足业务快速上线要求。针对边缘增强 UPF，建议将其与 MEP 合设，支持第三方 App 部署和管理，各省根据 MEC 需求自行建设，可以规划 5Gbps、20Gbps、50Gbps、100Gbps 等多种吞吐量模型，一般部署在地市核心机房、各级汇聚机房、无线机房及企业、园区边缘侧等，各省或大区后续可根据业务发展按需建设。

在 5G 2B 专网规划中需要采用多维度冗余设计，有效提升端到端可靠性，全面保障 5G 行业应用。在链路可靠性方面，服务器配置双网卡，采取主用/备用或负荷分担方式，接口冗余双备份，防止因单链路故障而造成连接中断；在网元可靠性方面，采用硬件系统和模块、网络链路冗余配置，网络平面隔离设置来提升网元可靠性；在网络可靠性方面，网元支持热备份容灾方案，确保在线会话不丢失，满足 5G 行业专网的高可靠性需求。

6.6.2　5G 2B 专网关键技术

1. 服务等级协定（SLA）

（1）垂直行业 SLA。

5G 2B 行业专网的建设需要提供各种不同的 SLA，与 5G 2C 网络的 SLA 要求存在较大差异。5G 2B 行业专网和 2C 网络 SLA 的需求差异如表 6.3 所示。5G 2C 网络涉及的关键技术包括 IMS 增强、单无线语音业务连续性方案（Single Radio Voice Call Continuity，SRVCC）、内容计费等，2B 行业专网针对控制面功能及用户面部署位置的需求差异比较大，控制面按需部署，用户面既可以集中部署也可以下沉到园区灵活部署。

表 6.3　5G 2B 行业专网和 2C 网络 SLA 的需求差异

5G 网络类型	行业类型	具体应用	时延	网络带宽	可靠度
2C 网络	—	高清语音	时延<100ms，抖动<50ms	AMR-WB 23.85kbps	99.999%
	—	语音视频	<150ms	824kbps	99.99%
	—	网页浏览	<300ms	无特殊要求	99.9%
2B 行业专网	智能制造	远程操控	≤20ms	上行≥50Mbps，下行≥20Mbps	99.99%
		实时控制	<10ms	>3Mbps	99.999%
		机器视觉	<100ms	上行 100Mbps～1Gbps	99%
	智能电网	配网差动保护	时延<12ms，抖动<600μs	2～10Mbps	99.999%
	智能交通	远程遥控驾驶	2～20ms	>3Mbps	99.999%
	AR/VR	远程专家指导	<200ms	上行：25Mbps 下行：25Mbps	99%

（2）带宽保障。

针对大型会议、运动赛事等社会热点事件的实时报道，5G 2B 专网需要提供端到端带宽保障。媒体终端侧需要预先签约媒体专网用户 eMBB 切片，优先接入以保障上行带宽。在无线侧识别专网用户或终端，通过 5QI 提供 GRB 速率的优先资源保障带宽。承载网根据签约切片信息，基于 QoS 预留资源，逐跳保障带宽，并提供基于灵活以太网技术的硬管道带宽保障。核心网则针对专网用户或终端的每个 PDN 会话建立多个 QoS 流，实现精细调度控制，并为专网用户提供高可靠性的 N3 接口隧道。

（3）时延保障。

某些行业场景对于时延的要求十分苛刻。将 2B 用户面下沉到边缘，结合 5G 空口技术，能够为不同场景的应用提供时延保障。例如，在港口岸桥远程操控场景下，端到端时延要求不大于 20ms。在 5G 2B 网络中，岸桥远程操作终端签约港口专网定制 eMBB 切片，单路专线按照上行带宽大于 50Mbps、下行带宽大于 20Mbps、时延小于 20ms 的指标要求规划。又如在工业柔性制造场景下，要求业务交互端到端时延小于 5ms，并要求 2B 网络中 UPF、MEP 及 App 服务器均部署在园区的边缘数据中心。5G 2B 专网规划中考虑采用 MEC 部署 uRLLC 和 eMBB 的混合切片，并采用 mini-slot 帧结构，保障空口单向时延小于 1ms。

2. PRB 资源预留

5G 空口资源相对紧缺，5G 公网切片通常采用切片标识和 5QI 组合进行业务调度的切片管理，即所有切片和切片内业务共享基站 PRB 资源，业务在抢占 PRB 资源发生冲突时按照 5QI 优先级进行排序调度。通过切片标识和 5QI 组合标示不同维度的用户分级，针对不同用户业务，可以灵活设置不同调度优先级来实现不同业务能力保障。为了保障高可靠性、低时延类业务，基站侧通过开启此类业务的预调度方式实现低时延保障，通过降低目标误块率来实现高可靠性保障。

针对常见的 5G 2C 业务，如云游戏、VR/AR 等，3GPP 所定义的端到端切片能够确保网络全覆盖和特定业务保障能力。在不同切片共享核心网、传输承载网和无线网络物理资源的情况下，通过数据网络名（Data Network Name，DNN）和 QoS 结合，实现特定业务的体验保障。针对电力生产控制和矿山开采等业务，对 5G 2B 网络提出了更高的要求。运营商可以为电力生产类和矿山开采类业务的超高优先级切片预留固定的 PRB 资源（如 10 MHz 带宽资源）归该切片独享，预留的资源可以确保电力业务得到最高资源优先级和严格的安全隔离。切片内的各类子业务再基于 5QI 优先级进行切片内的资源调度，切实保障电力控制类和矿山开采类切片的系统安全和业务优先级。而对于其他非生产类业务，可以采用常规的切片共享 PRB 调度方式，所有在网的切片共享资源以最大限度提升系统资源利用率。在切片有超高优先级要求时，可以综合考虑设置固定 PRB 资源、优先 PRB 调度和共享调度机制融合机制等多种方式，兼顾 5G 2B 业务的开展和资源的有效利用。

3. 多切片的划分和协同

在 5G 切片划分上，需要针对 2C 和 2B 网络进行差异化处理。在 5G 2C 网络中，电信运营商提供面向公众用户的大网切片，按省份建设，每个省份部署一个切片实例。在 5G 2B 网络中，电信运营商面向政企用户提供切片，满足如工业控制、智能电网、车联网、智慧医疗等需求，这类切片同样也是按省份建设，但需要考虑行业要求、SLA 需求、成本、资源等多种因素。某些用户可能同时兼有 2C 用户和 2B 用户属性，因此 2C 和 2B 网络有必要协同部署。在单用户多切片场景下，AMF、UDM/UDR、PCF 共享部署，用户可以同时接入多个切片，如运营商 2C 切片和行业 2B 切片，用户可同时享受多个切片业务，并在多切片中动态迁移。

6.7　本章小结

5G 致力于应对多样化、差异化业务的巨大挑战，满足超高速率、超低时延、高速移动、高能效和超高流量与连接数密度等多维能力指标。目前，迅猛发展的 5G 移动网络将为各行各业提供 eMBB 大带宽、uRLLC 低时延和 mMTC 大连接的万物互联业务。5G 行业应用呈现应用场景广泛、业务需求差异性大等特征。本章从垂直行业业务需求出发，重点讨论网络切片、时延增强、高可靠性、边缘计算增强等使能技术，通过 5G 行业专网方案部署，满足行业应用需求，为行业客户提供高品质服务。

第 7 章

5G 无线网络规划技术演进

7.1 5G 无线网络规划面临的挑战

当前，全球范围内 5G 商用进程正在加速推进。5G 网络在频谱、空口和网络架构上实现了革命性改变，以满足未来 eMBB、uRLLC 和 mMTC 典型应用场景的业务需求。5G 新标准、新频谱、新技术和新业务需求给 5G 频率规划和无线组网规划带来诸多挑战，主要包括频率规划演进策略、Massive MIMO 大规模天线阵列对三维覆盖规划仿真带来的挑战、灵活空口设计对网络参数规划的挑战等。

传统的基于人工经验的规划方法已不适用于 5G 网络规划需求。为了支撑高效率、低成本的 5G 无线网络建设，需要开展针对 5G 网络新频谱、新技术、新业务和新场景的研究。在频率规划演进的基础上，引入基于 AI 和大数据分析的 5G 无线网智能规划方法论，增强 5G 无线网络规划的关键技术，提升 5G 频率规划效率，确保资源精准投入。

7.2   面向 5G 演进的场景化频率规划策略

频率是移动通信网络和业务发展的稀缺性基础资源。如何做好频率使用规划、合理有效地使用频率资源是网络规划面临的重要课题。随着 5G 商用加速，移动数据流量呈指数级增长，网络规划逐步走向多网、多频、多制式协同阶段。各频段存在差异性，传播特性不同，容量承载不同，部署策略千差万别。如何将有限的频率资源优化利用，满足业务需求，如何重耕 2G/3G/4G 和 700MHz 频率资源支撑未来 5G 网络和业务发展成为网络规划面临的重要课题。

7.2.1   频率使用现状

以中国移动为例，目前使用的频率带宽共计 515MHz，涉及"5 模 12 频"，移动无线网络结构复杂，频率规划策略随场景变化而变化。频率规划现状如图 7.1 所示。

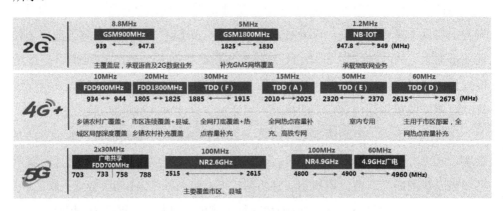

图 7.1   频率规划现状

中国移动在现网中的频率规划策略如下：

（1）GSM900MHz 频段：GSM 网络作为主覆盖层，主要承载语音及 2G 数据业务，占用频率资源 8.8 MHz（其中城区占用 5MHz）。

（2）GSM1800MHz 频段：补充 GSM 网络覆盖，占用频率资源 5MHz。

（3）NB900MHz 频段：承载物联网业务，占用频率资源 1.2MHz。

（4）FDD900MHz 频段：用于城区局部深度覆盖和乡镇、农村广覆盖，占用频率资源 10MHz。

（5）FDD1800MHz 频段：市区连续覆盖及县城、乡镇农村补充覆盖，占用频率资源 20MHz。

（6）TDD（F）频段：用于全网打底覆盖及热点容量补充，占用频率资源 30MHz。

（7）TDD（A）频段：用于全网热点容量补充及高铁专网，占用频率资源 15MHz。

（8）TDD（E）频段：室内专用频段，用于吸收室内用户 4G 业务，占用频率资源 50MHz。

（9）TDD（D）频段：主要用于市区部署，全网热点容量补充，占用频率资源 60MHz。

（10）FDD 700MHz 频段：目前暂未使用，占用频率资源 60MHz。

（11）NR 2.6GHz 频段：5G 网络市区、县城主覆盖，占用频率资源 100MHz。

（12）NR 4.9GHz 频段：暂未规模部署，占用频率资源 100MHz。

7.2.2 频率资源重耕

1. 2G/3G/NB-IoT 频率规划

2G/3G/NB-IoT 频率规划策略如表 7.1 所示。目前 2G/3G 主要用来承载语音、4G 回落语音及部分数据业务，中国联通（15MHz）使用资源最多，中国移动（8.8MHz）次之，中国电信（5MHz）最少。在窄带物联网（Narrow Band Internet of Things，NB-IoT）方面，三家运营商投入的资源相当。三家运营商都将 2G/3G 网络有限的频率资源重新规划并优化利用，满足不断涌现的 4G、NB-IoT 业务需求。

表 7.1   2G/3G/NB-IoT 频率规划策略

运营商	2G	3G	NB-IoT
中国移动	以 GSM900MHz（3.8MHz 频率资源）频段为主，GSM1800MHz（5MHz 频率资源）频段补充覆盖，承载语音、4G 回落语音及部分数据业务	3G 已退网，频率资源重新规划用于 4G	规划频率资源：1.2MHz 频谱范围：947.8～949MHz
中国联通	2G 已退网，其中 6MHz 频率资源被重新规划用于 WCDMA 和 NB-IoT，移动公司腾退 5 MHz 频率资源用于 LTE FDD900MHz 频段	重新规划 2GHz 频段用于 WCDMA 覆盖，规划频率资源 2130～2135MHz 用于连续覆盖，2135～2140MHz 作为热点补充资源	规划频率资源：1MHz 频谱范围：959～960MHz
中国电信	规划频率资源 2MHz，800MHz 频段承载语音业务	规划 800MHz 频段作为覆盖层，规划频率资源 3MHz，承载 CDMA EV-DO 数据业务	规划频率资源：1MHz 频谱范围：879～880MHz

2. 4G 频率规划演进策略

三家运营商的 4G 网络均采用优势频段 1.8GHz、900MHz 或 800MHz 作为覆盖层，其余频段部署室分（室内分布系统）和热点容量补充。中国移动采用 TDD/FDD 两种制式双层覆盖，以及多个频段容量补充，应用策略更为复杂；中国电信和中国联通仅采用 FDD 制式，应用策略相对简单。4G 频率应用策略如图 7.2 所示。

图 7.2   4G 频率应用策略

从覆盖层面分析，中国移动采用 TDD（F）与 FDD1800MHz、FDD900MHz 双层覆盖；中国联通采用 FDD1800MHz 全网覆盖，采用 FDD900MHz 补充深度覆盖；中国电信采用 FDD1800MHz 城区连续覆盖，采用 FDD800MHz 农村连续覆盖及城区覆盖补盲。

从容量层面分析，中国移动采用 TDD（D）频段和 TDD（A）频段作为容量层，TDD（F）频段兼顾部分热点容量补充；中国联通采用 FDD2100MHz 和 FDD1800MHz 兼顾热点容量补充；中国电信采用 FDD2100MHz 兼顾热点容量补充。

从室分系统部署角度来看，中国移动采用全部 TDD（E）频段部署室内分布系统，采用 FDD1800MHz 兼顾部署部分室内分布系统；中国电信和中国联通主要采用 FDD2100MHz 部署室内分布系统，采用 FDD1800MHz 兼顾部分室内分布系统部署。

3. 频率规划目标

目前，三家运营商都是多张网络共存。中国移动近期在进行 GSM 频率压缩和 D1、D2 退频，中国电信和中国联通共建共享 5G 网络，未来 2G/3G 终将退网，4G/5G 将长期共存。未来整合频率资源向 5G 迈进已成三家运营商的共同趋势。三家运营商频率规划目标如表 7.2 所示。

表 7.2　三家运营商频率规划目标

网络目标	中国移动	中国电信/中国联通
近期	（1）压缩 GSM 频率资源，并重新规划用于发展 LTE。农村区域 LTE FDD900MHz 频段具备 10MHz 带宽，城区 LTE FDD900MHz 频段具备 5MHz 带宽。 （2）LTE 2.6GHz 频中 D1、D2 退频，重新规划用于 5G NR 的 100MHz 频率资源保障。 （3）GSM、LTE FDD、LTE TDD、NB-IoT、5G NR 多网共存	（1）中国联通将 900MHz 频率资源规划升级用于 LTE FDD900MHz 频段。 （2）中国电信/中国联通共建共享 3.5GHz 频段规划建设 5G。 （3）CDMA、WCDMA、LTE FDD、NB-IoT、5G NR 多网共存
中长期	（1）900MHz 频段作为 2G 基础覆盖网络承载语音； （2）1.8GHz 频段作为 4G 基础覆盖层，F 频段和 A 频段兼顾 4G 容量覆盖需求，2.6GHz 频段按需演进并重新规划用以实现 5G NR。 （3）2.6GHz 作为 NR 的主力频段，逐步演进到 5G 占用 160MHz 频率带宽，4.9GHz 频段满足室内密集容量需求，700MHz 频段与广电共建共享提供 5G 广覆盖。 （4）随着 2G/3G 退网，4G/5G 将长期共存，需要整合 2G/3G/4G 高低频资源，并重新规划用于发展 5G	（1）800MHz、900MHz 频段作为基础覆盖网络，主要用来承载 4G 语音，未来将按需向 5G NR 演进。 （2）1.8GHz 和 2.1GHz 频段作为基础容量层，满足 4G 容量覆盖需求，未来按需将向 5G NR 演进。 （3）3.5GHz 作为 NR 的主力频段，满足 5G 密集容量层需求。 （4）2G/3G 退网，4G/5G 长期共存，中国电信/中国联通共建共享，需要整合 3G/4G 高低频资源，并重新规划用于发展 5G

7.2.3 频率规划演进策略

1. 业务需求

5G 业务流量、网络规模、终端连接数迅猛增长，关乎频率规划思路与演进方向，业务发展依赖频率资源的优化配置。

（1）随着 5G 网络的逐步规模化部署，4G 流量逐渐达到峰值。基于 4G 业务历史流量、5G 业务发展、5G 用户渗透率、5G 流量驻留比的变化趋势等因素，4G 网络在 2021 年底达到流量峰值，2022 年 10 月 5G 实现有效分流。

（2）中华人民共和国工业和信息化部官网数据显示：截至 2022 年 5 月底，全国建成开通 5G 基站 170 万个，覆盖全国所有地级市、县城城区和 92%的乡镇镇区，每万人拥有 5G 基站数超过 12 个。我国 5G 基站总数占全球 60%以上，是全球首个基于独立组网（SA）模式规模建设 5G 网络的国家。

（3）三家运营商披露的数据显示：截至 2022 年 5 月，中国移动的移动业务用户数为 9.67 亿，5G 套餐用户数为 4.95 亿；中国电信的移动业务用户数为 3.81 亿，5G 套餐用户数为 2.24 亿；中国联通"大连接"业务用户数累计达到 7.95 亿，5G 套餐用户数累计达到 1.797 亿。结合 5G 用户渗透率增幅，预计 4G 流量达到拐点后，全国 5G 用户数将突破 10 亿。

（4）中国信息通信研究院预计：到 2025 年，5G 终端品种将累计超过 3200 种，其中，2025 年全球 5G 手机终端品种累计可达 1200 种以上；在行业终端方面，"基础类+定制类"同步发展，预计 2025 年行业终端将累计达到 2000 种以上，实现千万级连接。

业务需求驱动频率规划的方向，频率规划影响业务需求和发展，两者是辩证统一关系。频率规划是产业的起点，也将在很大程度上决定产业的发展方向、节奏和格局。借鉴以往网络发展经验，以中国移动为例，推测 5G 网络发展存在三个阶段。

阶段 1：5G 初期（2020 年），5G 网络时代来临。

阶段 2：5G 快速发展期（2021—2022 年），伴随 5G 产业链的逐步成熟，进入 5G 快速发展阶段。

阶段 3：5G 成熟期（2023 年及以后），5G 网络标准日趋成熟，5G 网络功能继续增强和完善，满足各种新场景的网络需求。

在网络规划中需要结合 5G 网络发展的三个阶段，前瞻性制定分场景、分阶段的频率演进策略，引导 5G 向未来目标网演进。

2. 城区场景频率演进规划

城区场景频率演进规划如图 7.3 所示。城区场景通过 FDD 结构调整、频率能力发挥、低效频点退网，制定 5G 初期、5G 快速发展期、5G 成熟期的频率演进策略。

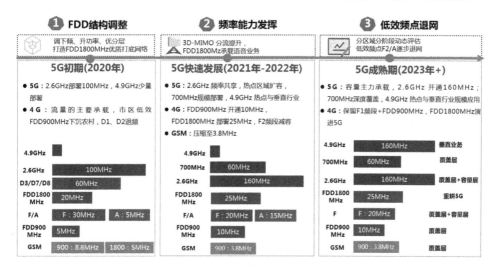

图 7.3　城区场景频率演进规划

（1）5G 初期。

在城区 D1、D2 频点退频和电信扩频对 F 频段干扰因素的影响下，城区原本 D 频段、F 频段打底网络质量面临挑战。伴随着 NSA FDD1800MHz 锚点网络建设，FDD1800MHz 将成为新的 4G 网络打底层，通过优化覆盖、提升功率、分层参数、效果评估、TOP 小区处理等举措开展 FDD1800MHz 连续覆盖区结构优化，重点以 3D-MIMO 和 D 频段作为容量层，减少 F 频段负荷，优化业务分层，实现市区优质打底网络。

（2）5G 快速发展期。

随着 GSM 网络承载的语音和流量急剧减少，通过 GSM 频率压缩，腾出的频率资源用于 FDD900MHz 频段扩频将是大势所趋。未来网络演进将保留 F 频段的覆盖能力，但针对低利用率、高干扰等低效 F2 频点，后续将开展 F2 频点的清退减容工作，通过 5G 反向开启 3D-MIMO 补充容量。

（3）5G 成熟期。

5G 网络已成为容量的主力承载，网络结构演进为 5G（700MHz+2.6GHz 全频段+4.9GHz）、4G（FDD900MHz+F 频段+ FDD/NR1800MHz）、GSM（FDD900MHz，3.8MHz 频率带宽），三网将长期共存。

3. 农村场景频率演进规划

农村场景频率演进规划如图 7.4 所示。农村区域通过 FDD 结构调整、D 频段平滑升级、低效频点退网，制定农村场景 5G 初期、5G 快速发展期、5G 成熟期的频率演进策略。

图 7.4　农村场景频率演进规划

（1）农村 5G 初期。

通过将城区低效能的 GSM900 设备拆闲补点到农村 LTE FDD900MHz 建设，

推进 GSM 向 LTE 升级演进的力度，降低 2G 频谱资源需求，提升 FDD900MHz 小区承载能力。结合 GSM/LTE 频谱共享等辅助手段，降低 900MHz 频段复用度，释放频谱效能；盘活市区 D1、D2 退频资源，推进城区 D 频段在农村区域利旧部署，将低效能 FDD1800MHz 资源搬迁至县城以上区域，实现 FDD 结构调整。

（2）农村 5G 快速发展期。

在农村场景中，通过利旧部分 LTE D 频段资源，以平滑演进方式建设 5G 网络。基于业务热点和竞争对手 5G 发展情况，采取开通 NR2.6GHz（8T8R、60MHz 带宽）和部署 700MHz 5G 网络。4G 网络由 FDD900MHz 频段和 F 频段提供覆盖和容量，进行 F2 频段及 A 频段减容，达到精简网络频率结构的目的。

（3）农村 5G 成熟期。

5G 网络基于业务热点和竞争对手的网络发展情况开通 2.6GHz（32T32R）频段网络，并逐步形成 FDD700MHz 频段覆盖底层网络。4G 网络保留 F1 频段及 FDD900MHz 频段的资源，清退低效 F2 频段和 A 频段资源，重耕 FDD1800MHz 频段资源并应用于 5G 网络，实现低效频点退网，网络结构向 5G（2.6GHz 8T8R/32T32R 和 700MHz）、4G（900MHz 和 F 频段）和 GSM（FDD900MHz，3.8MHz 频率带宽）演进。

7.2.4　频率长期演进规划

5G 无线网规划应"以终为始、统筹考虑"，以独立组网（SA）网络结构为第一优先级，兼顾 NSA 网络结构需求，综合应用"宏-微-皮-飞"多层组网架构，面向县城及以上区域统一完成更加适配 NSA/SA 双模架构的无线目标网络规划。

（1）做好 2.6GHz 和 4.9GHz 双频段统筹规划：在 2.6GHz 频段方面，提前规划硬件，使其具备 160MHz 带宽 NR 能力、NSA/SA 双模能力等，后期按照 4G/5G 业务需求逐步引入动态频谱共享和 5G 载波聚合能力。最大化发挥 4.9GHz 频段承载能力，4.9GHz 频段重点定位高服务质量等级垂直行业的需求，通过独立专网规划（建设 2.6GHz 频段和 4.9GHz 频段两套物理独立的无线网）、半共享专网（两套物理无线网 BBU 共享，RRU 独立）规划，打造极具竞争力的 2B 行业支撑能力。

（2）推进 5G 载波聚合能力：实现 2.6GHz 频段和 4.9GHz 频段载波聚合能力，基于 260MHz 大带宽提升网络能力。

（3）探索 5G 毫米波的部署应用：毫米波具有大带宽、高速率的优势，通信速率高达 10Gbps，主要面向大带宽场景，目前在美国等地已有成熟的商业应用案例。长远考虑 5G 热点容量扩容、小范围极致速率体验等场景，需提前开展毫米波设备测试应用。

（4）2.6GHz 频段和 700MHz 频段协同规划：700MHz 频段是中国移动与中国广电共建共享"数字红利"频率资源。700MHz 频段的定位是实现城区深度覆盖及农村的广覆盖，提升上行边缘体验。2.6GHz 频段拥有大带宽频率资源，可作为通信业务量大、VIP 用户集中等楼宇场景的主力覆盖层。在 2.6GHz 频段覆盖基础上发挥 700MHz 低频和制式优势，通过协同规划形成竞争力。

总之，频率资源规划的演进策略直接影响 5G 组网方案的设计，精准的资源投入将能更好地满足 5G 用户极致体验的需求，打造 5G 精品目标网络。首先，立足 5G 无线网络可用频率资源；其次，综合全网各频段的覆盖能力、站点比例、终端渗透率、业务发展预判和分场景频率规划等因素；最后，制定面向后 5G 阶段频率的规划演进策略，指导最终 5G 目标网络精准规划。

7.3　5G 无线网络智能规划与仿真

7.3.1　5G 无线网络智能规划

5G 无线网络智能规划基于现有的大数据软硬件平台，完成 5G 三维仿真建模。通过站址规划、参数规划和后评估，形成闭环流程，实现高效支撑 5G 无线网络智能规划的工作目标。

1. 站址规划

与 3G 和 4G 网络相比，5G 网络结构更加复杂，新技术、新功能不断涌现。

随着 Massive MIMO 大规模天线阵列波束赋形技术的广泛应用，多径信道建模和三维立体信道建模的重要性凸显。传统的二维平面信道建模方式难以保证 5G 网络规划的准确性。针对 5G 网络仿真规划，目前业界主要使用高精度三维电子地图和射线追踪模型进行仿真。但通用射线追踪模型中参数繁多，针对多样化业务场景适配度较低，难以实现针对 5G 多业务场景的高精度仿真。本节通过引入基于实际城市环境的穿透损耗模型校正和基于现网射线追踪模型参数校正算法，实现精准适配实际场景的规划仿真。

（1）基于实际城市环境的穿透损耗模型校正。

在 5G 网络建设初期，用户数量未成规模，5G 测量报告（Measurement Report，MR）量化分析不能反映实际网络覆盖情况。相比之下，4G 网络规模相对完善，4G 网络 MR 数据分析更具有代表性。由于 4G 和 5G 工作频段相近，如中国移动 4G 和 5G 无线网络都工作在 2.6GHz 频段，无线电波穿透特性类似，所以本书借鉴 4G 网络 MR 数据等效量化分析 5G 无线网络的穿透损耗特性。通过采用 2.6GHz LTE 室内外用户 MR 定位算法，针对目标城市城区海量室内外用户服务电平差值计算，直接获取城市典型穿透损耗模型及典型数值。算法的关键模块如下。

模块 1：呼叫位置定位。集成 OTT（Over The Top）定位、室分定位、加权质心校正定位（Weight Centroid Calibration Location，WCCL）、指纹库特征匹配定位等 4 种业界当前主流的定位算法，根据数据源输入满足的条件分别按顺序自动降级，进行混合定位运算，分别计算每种定位方法对应的置信度，最终选择置信度较高的定位结果。4 种主流定位算法及原理见表 7.3。

表 7.3　4 种主流定位算法及原理

主流定位算法	基本原理
OTT 定位	基于安卓系统的部分 App，上报 GPS 坐标
室分定位	根据用户占用的小区标识号确定是否为室分小区
WCCL 定位	基于小区标识号和信号强度加权的拓扑质心几何定位技术
指纹库特征匹配定位	基于特征库模型的信号指纹匹配技术

模块 2：用户环境特征分析。在无线网络中，用户占用室分、宏站小区会呈现不同的移动性特征，例如，用户呼叫特征包括室分用户稳定出现在固定时段（商

业区的 8 小时工作时间内、居民区的晚忙时）、室分用户长时间多次呼叫不做切换、宏站服务的手机上报时间提前量（Timing Advance，TA）远远大于室分等；室分用户的切换特征主要包括切换关系较少且特别固定、用户 MR 信息中上报邻区数量不足 6 个等；基于上述差异化，引入呼叫特征、切换特征、电平特征、邻区特征、运动特征等多维特征构建室内外呼叫环境的特征模型，将网络无线环境特征、用户行为特征和用户地理位置多维信息融合，进行室内外呼叫识别区分，并估算呼叫过程中的用户移动速度。

模块 3：地图匹配和校正。基于用户呼叫行为特征和环境分析结果，结合电子地图的地理信息对定位结果进一步校正，如将室内的呼叫匹配到附近的建筑物上，将道路上的呼叫匹配到附近的道路场景等。

通过上述 3 个关键模块处理，获得城市区域 2.6GHz LTE 全量室内外用户典型电平差值，作为下阶段 5G 传播模型校正通用参数的数据输入。某城市商务中心区（Central Business District，CBD）依据 3 个关键模块处理输出的室内外 MR 采样点电平分布如图 7.5 所示，可以看出 2.6GHz 室内外平均电平差值约为 17 dB。

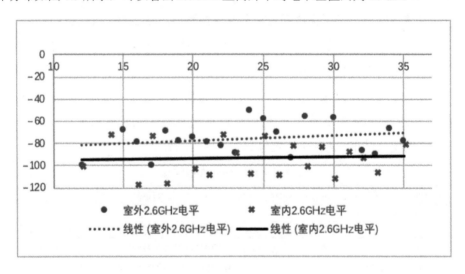

图 7.5　室内外 MR 采样点电平分布

（2）基于现网的射线追踪模型参数校正。

建立传播模型是开展 5G 站点选择和效果仿真的必要步骤，并且需依据现网差异化的场景进行模型参数校正。在传播模型校正中，首先建立普适性的 5G 射线追踪模型，然后基于实际城市的环境进行模型参数校正。射线追踪模型参数说明见表 7.4。

表 7.4　射线追踪模型参数说明

参数		备注
通用参数	BuildingStrategy	建筑物处理策略
	PenetrationModel	穿透模型策略
	TxHeightCorrect	发射机高度修正策略
	RadiusofNearArea(m)	近点计算半径
多径参数	ReflectionNumber	最大反射次数
	DiffractionNumber	最大绕射次数
相关参数	C_1	常数项校正因子
	C_2	距离项校正因子
	C_3	发射机高度项校正因子
	C_4	移动校正因子
	C_Ant	天线增益校正因子
	ε	确定性模型校正因子

下面以校正距离项校正因子 C_2 为例进行说明，校正前射线追踪模型各参数取值见表 7.5。

表 7.5　校正前射线追踪模型各参数取值

校正因子	是否校正	LOS（视距）	NLOS（非视距）	备注
C_1	否	12.0	0.00	LOS 场景考虑 12dB 植被损耗
C_2	是	13.5	16.5	—
C_3	否	−0.72	−0.72	—
C_4	否	0.3	0.3	—
C_Ant	否	0.5	0.5	—
ε	否	0.5	0.5	—

以 A 站、B 站、C 站三个测试站点为例进行说明，在设定其他参数恒定不变的前提下，校正后的射线追踪模型 C_2 参数见表 7.6。其中，A 站属于密集商业区，

B 站属于密集居民区，C 站属于一般新建城区。

表 7.6　校正后的射线追踪模型 C_2 参数

站点	参数	是否校正	LOS（视距）		NLOS（非视距）	
			校正前	校正后	校正前	校正后
A 站	C_2	是	13.5	13.7	16.5	17.8
B 站	C_2	是	13.5	13.6	16.5	16.7
C 站	C_2	是	13.5	16	16.5	19.8

基于 A 站的道路测试和道路仿真校验结果对比如图 7.6 所示。仿真结果和实际道路测试数据趋势基本吻合，在 5G 覆盖边缘区域中有 5% 的 SSB 采样点覆盖电平 SS-RSRP 差值为 1dBm，平均 SS-RSRP 差值小于 1 dBm，为不失一般性，射线追踪模型要求使用校正后的参数得出的覆盖预测电平与实测电平标准误差小于 10dBm。由此可见，仿真可信度可以满足规划要求。

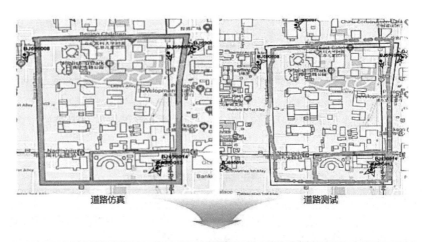

道路仿真　　　　　　　　　　　道路测试

SSB 采样点	覆盖电平 SS-RSRP/dBm		
	仿真结果	路测结果	差值
5G 覆盖边缘区域中 5% 的采样点	−81	−80	1
5G 覆盖区域中所有采样点	−69.27	−69.98	0.71

图 7.6　基于 A 站的道路测试和道路仿真校验结果对比

（3）基于更加精准的射线追踪模型规划仿真效果。

通过引入基于实际城市环境的穿透损耗模型校正和基于现网射线追踪模型参数校正算法，本方案的射线追踪模型较传统模型精度更高，基于某城市试验网的射线追踪模型验证结果见表 7.7。

表 7.7　基于某城市试验网的射线追踪模型验证结果

对比模型	平均值/dB	波动偏差/dB	标准误差/dB
射线追踪模型	0.77	6.18	6.23
Volcano 模型	1.04	6.84	6.92
标准传播模型	5.22	7.4	—

采用上述更加精准的射线追踪模型，并基于下面的条件设定进行仿真。

无线射频特性：小区 AAU 64T64R、系统带宽 100MHz、发射功率 200W、SSB 为水平 8 波束。

• 设定城市规划覆盖目标：高穿损城区仿真指标 RSRP≥–88dBm，SINR ≥–3dB 的概率大于 95%；低穿损城区仿真指标 RSRP≥–91dBm，SINR ≥–3dB 的概率大于 95%。

• 确定可选站址库：基于现网全部存量的宏基站物理站址，从中选择合适的站址使用，同时也允许新增少量站址。

• NSA 组网下，要求 4G 锚点仿真连续覆盖率超过 95%。

2. 参数规划

5G 关键参数规划主要包括射频（Radio Frequency，RF）参数组和波束赋形（Beam Forming，BF）参数组。其中，射频参数组主要包括天线挂高、方位角、下倾角等；波束赋形参数组包括 Massive MIMO 多天线阵列波束赋形权值的组合。基于初始自动匹配和后期迭代寻优组合策略，工程上可以实现 5G 关键参数的智能规划。其中，初始自动匹配引入空间维度和时间维度的关联算法，后期迭代寻优使用基于实际业务参数组合（RF+BF）的随机梯度算法，确保整体目标最优。

1）空间维度和时间维度关联算法

在 5G 网络中引入 Massive MIMO 多天线阵列波束赋形关键技术，网络规划中需要考虑波束立体覆盖仿真。Massive MIMO 基于大规模天线阵列波束赋形，主要通过水平和垂直动态扫描形成 3D 波束覆盖。在遵循 3GPP 灵活空口协议条件下，国内主流设备厂商（如华为、中兴）的 64T64R 设备均可采用灵活的时分扫描方式，基于 4×8 波束矩阵实现 8 种水平波束、4 种垂直波束、19 种下倾角和 95 种方位角的覆盖方案。另外考虑到权值策略，即 5G 多通道天线通过可量化的能量激励来改变波束方向图，这个可量化值即为权值。权值设置可通过幅度和相位组合设置来实现，5G 支持人工或者自适应的权值调整，以获取期望的波束宽度、指向和零点位置，最终，在工程实现上共计达到上万种天线模式组合。表 7.8 列出现网常用的 17 种典型 5G 波束管理方案，分别匹配应用于不同的业务场景。

表 7.8 现网常用的 17 种典型 5G 波束管理方案

覆盖场景 ID	水平 3dB 波宽	垂直 3dB 波宽	覆盖场景
默认配置	105°	6°	默认场景
SCENARIO_1	110°	6°	广场场景
SCENARIO_2	90°	6°	干扰场景
SCENARIO_3	65°	6°	干扰场景
SCENARIO_4	45°	6°	楼宇场景
SCENARIO_5	25°	6°	楼宇场景
SCENARIO_6	110°	12°	中层覆盖广场场景
SCENARIO_7	90°	12°	中层覆盖干扰场景
SCENARIO_8	65°	12°	中层覆盖干扰场景
SCENARIO_9	45°	12°	中层楼宇场景
SCENARIO_10	25°	12°	中层楼宇场景
SCENARIO_11	15°	12°	中层楼宇场景
SCENARIO_12	110°	25°	"广场+高层"楼宇场景
SCENARIO_13	65°	25°	高层覆盖干扰场景
SCENARIO_14	45°	25°	高层楼宇场景
SCENARIO_15	25°	25°	高层楼宇场景
SCENARIO_16	15°	25°	高层楼宇场景

5G 波束赋形权值设置与具体的物理场景存在强相关性。考虑到现网复杂的覆盖场景组合与批量化参数设置需求，通过引入空间维度和时间维度关联算法，实现场景自动化识别，关联无线参数自动化适配，提高规划效率。

（1）空间维度判断法。

首先，依据基站经纬度和基站级 MR 经纬度形成基站在三维高精度电子地图上的基本覆盖包络；其次，通过调用基于卷积神经网络的图像自动识别算法，识别并输出覆盖包络内的建筑物密度、建筑物高度、街道宽度等城市场景化数据；最后，按照城市场景化数据归类，匹配推荐初始无线参数组。空间维度判断法的主要运算流程和单站结果举例如图 7.7 所示。

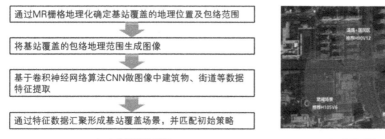

（a）主要运算流程　　　　　　　　　（b）单站结果举例

图 7.7　空间维度判断法

基于上述算法，选取某城市 100 个站点进行验证，其中 71 个站点算法判断与客观覆盖场景相符，准确率可维持在 70%以上。

（2）时间维度判断法。

时间维度判断法主要用来确定宏站所覆盖的场景，用于确定初始权值选择。主要原理是通过引入宏站用户级 4G/5G MR 采样点的运动轨迹，分析其随着时间推移的规律，包含室外移动、室内 24 小时 MR 波动等，最终形成时间维度 MR 采样点的分布情况。主要步骤如下：

① 针对宏站下用户级 4G/5G MR 栅格化实现 MR 地理化；

② 根据宏站下 MR 在 24 小时内的室内外用户属性、用户室内停留时间特征、用户移动速度等特征，预测服务基站所覆盖的场景是多楼宇场景还是多道路场景。

　　基于时间维度的初始参数组匹配如图 7.8 所示。基于 P 点随时间的运动轨迹，结合电子地图确定宏站覆盖下的建筑物分布情况，给出匹配推荐的初始无线参数组。

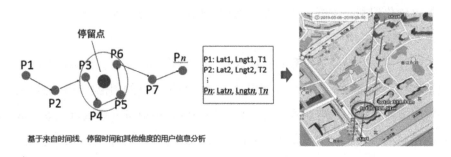

图 7.8　基于时间维度的初始参数组匹配

　　针对某省会核心城区内环区域，使用空间维度和时间维度关联算法，自动识别 14.5 万栋楼宇。其中，中层和高层建筑占比 8.7%，针对 5G 连续覆盖区，自动输出场景化 5G Massive MIMO 广播权值，即天线的水平波宽与垂直波宽组合的权值方案。基于场景自动识别的权值设置策略如表 7.9 所示。

表 7.9　基于场景自动识别的权值设置策略

扇区天线模式	寻优前	占比	寻优后	占比
H105V6（广场场景）	459	100%	411	89.54%
H45V6（道路场景）	0	0	3	0.66%
H110V12（居民区商务区）	0	0	33	7.19%
H90V12（高层楼宇）	0	0	12	2.61%
总计	459	100%	459	100.00%

2）基于实际业务参数组合（RF+BF）随机梯度算法

　　鉴于 5G 复杂的三维覆盖和灵活的权值设置能力，选取基于随机梯度算法的迭代寻优结果，确定最佳参数策略。首先，基于初始值获取各小区当前模式（Pattern）配置及波束话务分布情况；其次，基于特定目标分析 Pattern 与波束话务分布的匹配情况输出建议；最后，通过迭代优化参数配置，使增益收敛至目标值，确定最优权值配置。参数迭代寻优的过程如图 7.9 所示。

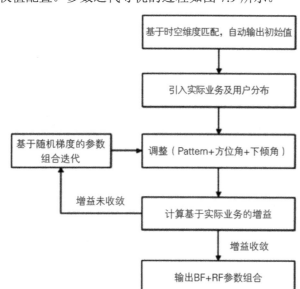

图 7.9　参数迭代寻优的过程

算法关键步骤如下。

（1）初始 Pattern 选择。

依据基于时空维度匹配的典型特征场景自动识别算法形成初始最佳参数组合。

（2）数据迭代。

① 话务分布分析。

鉴于中国移动在 2.6 GHz 频段上统一使用 160 MHz 大带宽 4G/5G 双模有源天线处理单元（AAU），可同步开通 5G 和 4G Massive MIMO，因此可借助 2.6GHz LTE 用户 MR、波束级吞吐量测量及噪声/干扰测量，获取 4G Massive MIMO 及周边存量 8T8R 小区用户分布情况，此时可认为共 AAU 的 4G Massive MIMO 和 5G NR 小区的网络覆盖与用户基本一致。

② 遍历权值，组合计算吞吐量增益。

权值迭代中的正负增益计算如图 7.10 所示。遍历每组 Massive MIMO 权值和下倾角组合，计算当权值和下倾角发生变化后，Massive MIMO 和 8T8R 小区覆盖的变化程度，结合 2.6 GHz 路损、优化参数、天线配置文件和 4G MR 地理化栅格定位技术，计算出 Massive MIMO 小区参数变化带来的潜在用户和丢失用户。根据潜在用户和丢失用户统计结果，估算出每组权值和下倾角组合带来的吞吐量增益。

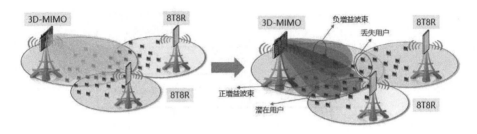

图 7.10 权值迭代中的正负增益计算

③ 权值调整和增益评估。

进一步结合 4G/5G 区域覆盖的变化情况，确定最终方位角和权值优化的建议值。

（3）迭代算法。

采用"Pattern+方位角+下倾角"组合的随机梯度算法确保结果最优。基于随机梯度的 BF+RF 迭代寻优方法主要是基于 2.6 GHz 路损、优化参数、天线配置文件、4G MR 地理化栅格定位等数据，估算参数迭代后的整体吞吐量增益，直至增益正向收敛，调整优先级的步骤为覆盖场景匹配→调整数字下倾角→调整数字方位角→调整机械下倾角→调整机械方位角。基于随机梯度的迭代寻优模型如图 7.11 所示。

图 7.11 基于随机梯度的迭代寻优模型

3. 后评估

目前，5G 规划方案落地效果后评估通常采用基于 MR 的分析方法：首先通过地理化 MR 显示 5G 规划中弱覆盖、过覆盖、重叠覆盖等问题；然后进行问题簇汇聚；最后实现规划后评估问题和解决方案的自动输出。鉴于当前业界尚无成熟的针对 5G Massive MIMO MR 立体定位的方法，本书提出通过地理算法和神经网络算法相结合实现 5G 地理化 MR 定位的方法。

（1）高精准度 5G MR 定位。

5G 地理化 MR 定位采用地理算法和 BP 神经网络训练算法相组合，经过现网实际测试验证，5G MR 定位精准度可达 91.26%，基本满足后评估需求。

① 地理算法：基于邻域的采样点训练。

5G MR 数据包含业务采样点的电平、质量、相邻小区场强等重要的网络信息。传统的 MR 数据是基于小区统计获得的，参考时间提前量（TA）字段和到达角（Angle of Arrival，AOA）仅能模糊定位 MR 采样点的坐标位置；通过引入基于邻域的 MR 采样点训练算法可明显提升 MR 定位精度。利用业务电平在连续空间和连续时间上的渐变性，根据一部分已知的业务采样点（测试数据），可以纠正一些模糊的业务采样点（MR 数据），进一步提升定位精度。

基于 MR TA 的模糊定位方法如下：首先，提取 MR 数据，根据 MR 所归属的小区定位基本坐标；其次，根据 MR 中 TA 字段和方位角字段模糊定位 MR 采样点坐标。基于 AOA 和 TA 的模糊定位示意图如图 7.12 所示。

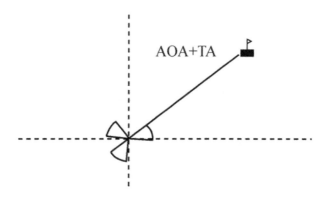

图 7.12　基于 AOA 和 TA 的模糊定位示意图

将 MR TA 模糊定位与测试采样点合并，引入基于邻域的 MR 采样点训练算法。基于邻域的 5G MR 采样点训练如图 7.13 所示，考虑到业务电平在地理位置和连续时间上的渐变特征，为不失一般性，可以假设时间或空间连续的 MR 电平等参数大概率是平滑的、非突变的，进而应用已知测试采样点的相关参数和时间特征去训练时间和电平上相互邻近的 MR 采样点相关参数，对已经预测出来的突变坐标数据进行纠正。

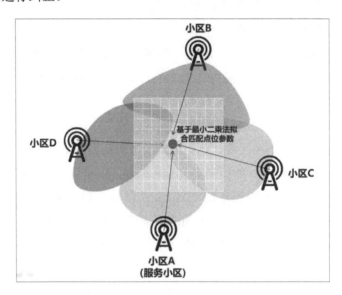

图 7.13　基于邻域的 5G MR 采样点训练

② BP 神经网络训练算法。

考虑到 5G Massive MIMO 的立体化和波束移动等特性，引入 BP 神经网络训练算法，依据现网中实际业务案例进行训练，提升 5G Massive MIMO 特性下的 MR 定位精度。BP 神经网络训练算法示意图如图 7.14 所示，依据之前步骤获得的 MR 定位坐标，生成栅格汇聚结果。利用 BP 神经网络训练算法中误差反向传播训练的特征，通过反向传播不断调整 MR 定位算法的权值和阈值，达到最小化连续栅格误差平方和的目标。

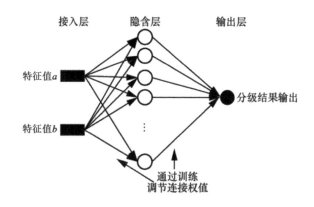

（a）BP 神经网络训练算法结构

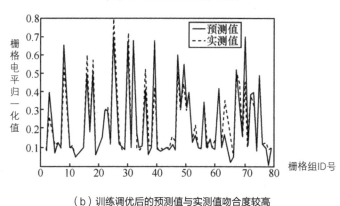

（b）训练调优后的预测值与实测值吻合度较高

图 7.14　BP 神经网络训练算法示意图

（2）问题栅格汇聚与方案自动输出。

后评估输出的问题栅格：首先采用 K 均值聚类算法汇聚形成问题栅格簇；随后采用基于站间距与栅格的四象限聚合原则自动输出解决方案。基于 K 均值的问题区域聚类如图 7.15 所示。K 均值聚类算法是一个反复迭代的过程，算法步骤如下：

① 选取数据空间中的 K 个对象作为初始中心，每个对象代表一个聚类中心；

② 对于样本中的数据对象，根据它们与这些聚类中心的欧氏距离，按距离最近的准则将它们分到离它们最近的聚类中心所对应的类；

③ 更新数据中心：将每个类别中所有对象所对应的均值作为该类别的聚类中

心，计算目标函数的值；

④ 判断聚类中心和目标函数的值是否发生改变，若不改变，则输出结果，若改变，则返回。

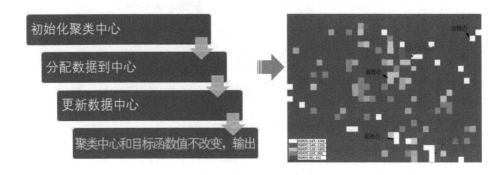

图 7.15 基于 K 均值的问题区域聚类

完成问题栅格汇聚类后，通过问题栅格聚合度和站间距构建坐标系，基于站间距与栅格四象限聚合原则精准输出解决方案，如图 7.16 所示。

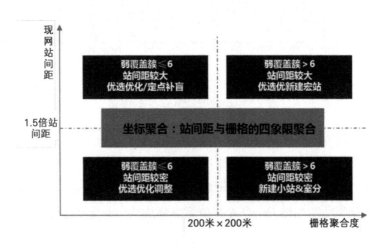

图 7.16 站间距与栅格四象限聚合原则

选择某省会城市网格 14 区域进行 5G 网络规划后评估效果验证，采用问题栅格汇聚及基于站间距和栅格的四象限聚合原则后，自动输出 7 处区域需要补充小微站、14 处区域可通过天馈调整继续尝试优化。

7.3.2　5G 无线网络智能规划仿真效果

在 5G 无线网络规划中，通过搭建 5G 无线网络智能规划系统，执行站址规划、参数规划和后评估，最后自动输出解决方案，开展面向一线生产需求的 5G 无线网络规划仿真。

实例 1：基于射线追踪模型的站址选择及三维覆盖预测呈现。

某省会城市的市政府区域基于射线追踪模型的站址选择及 5G 三维覆盖仿真效果如图 7.17 所示。

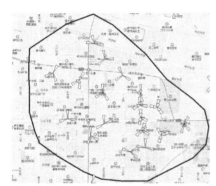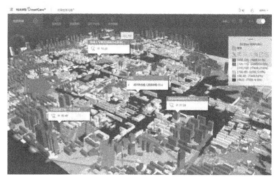

图 7.17　基于射线追踪模型的站址选择及 5G 三维覆盖仿真效果

实例 2：场景化 Pattern 寻优效果对比。

区域 Pattern 寻优效果对比如图 7.18 所示。覆盖区域内共有 5G 小区 53 个，通过基于随机梯度算法的寻优计算后，输出参数优化小区 22 个。其中，16 个小区优化为 PatternS6，5 个小区优化为 Pattern S12，1 个小区优化为 Pattern S15。优化后平均 SS-RSRP 从–100.03dBm 提升至–98.67dBm，SS-RSRP 低于–115dBm 的比例由 13.94% 降低至 7.56%。寻优后，5G 弱覆盖采样点减少了 6.4%。

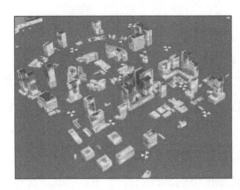

（a）Pattern 寻优仿真效果对比

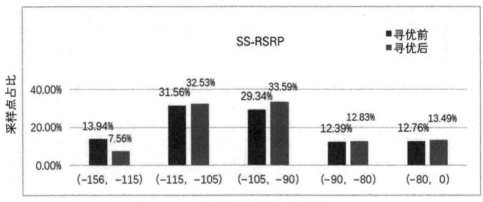

（b）Pattern 寻优实际效果对比

图 7.18 区域 Pattern 寻优效果对比

实例 3：基于 5G MR 的问题点自动输出。

选取某省会城市 2019 年 8 月 12 日至 2019 年 8 月 18 日 5G 网络数据，发现 5G 用户区域主要集中在经三路附近、北三环中州大道交叉口西侧区域、龙子湖区域。依据栅格化问题显示与汇聚，在 5G 覆盖试验区域自动输出新增 16 个宏站和 2 个微站的解决方案。在实际方案落地执行后，弱覆盖栅格减少 86.54%。

7.4　本章小结

5G 网络在频谱、空口和网络架构上制定了全新一代标准，以满足 eMBB、uRLLC、mMTC 应用场景的需求。随着 5G 新技术、新业务和新场景的发展，无线网络规划需要持续创新，不断提升网络规划关键技术能力。通过制定面向 5G 的频率规划演进策略，引入 AI+大数据赋能 5G 网络规划，实现精准选址、自动参数调优和后评估，打造面向未来 5G 精品网络能力的规划优化手段和方法，旨在高效支撑面向未来市场竞争和 5G 发展带来的挑战。

第 8 章

5G 毫米波技术

8.1 概述

所谓毫米波（Millimeter Wave）就是波长为 1～10mm 的电磁波。不同于被业界熟知的 Sub 6GHz 频段，毫米波长期以来都是移动通信领域未经开垦的"蛮荒之地"。与 2G、3G、4G 采用的低中频段相比，位于高频段的毫米波具有以下优势：

① 频谱资源丰富且频段连续，载波带宽可以分配 100MHz 以上，甚至达到 400MHz 或 800MHz，传输速率可达 10Gbps 以上；

② 毫米波波束更窄、方向性更好，有极高的空间分辨能力；

③ 毫米波元器件的尺寸小，相对于 Sub 6GHz 设备，更易实现小型化；

④ 子载波间隔较大，单时隙周期（120kHz）是低频 Sub 6GHz（30kHz）的 1/4，空口时延低。

与此同时，由于本身频段的自然属性，毫米波存在传输路径损耗大、传播距离短等不足和短板。限制其在移动通信领域内规模应用的难点和挑战如下：

① 传播受限：毫米波的频率较高，自由空间损耗大，且极易因受物体阻挡，影响接收端信号质量；

② 赋形技术：现有毫米波系统采用混合波束赋形的方式，但频率效率和性能较低；

③　波束管理：在快速移动和被遮挡的场景中波束管理算法需要优化；

④　MIMO 技术：受限于成本和生产工艺，现有毫米波基站只能采用 4T4R 设备，无法容纳更多用户；

⑤　芯片和终端：芯片和终端的研发进度落后于系统设备。

5G 技术发展正在对世界产生深远的影响。毫米波是 5G 无线技术演进的关键技术之一，其大带宽、低时延特性为上层应用提供了更大的实现空间。

8.2　5G 毫米波频段及其标准化

8.2.1　5G 毫米波频段

3GPP 定义了两类频率范围：频率范围 1（Frequency Range1，FR1）和频率范围 2（Frequency Range2，FR2）。FR1 定义低频部分，即通常所说的 Sub 6GHz 频段；而 FR2 定义高频部分，即毫米波频段，如表 8.1 所示。

表 8.1　3GPP 定义的 FR1 和 FR2

频率范围定义	频段范围
FR1	410MHz～7.125GHz
FR2	24.25MHz～52.6GHz

2019 年 12 月，WRC-19 确定将 24.25～27.5 GHz、37～43.5 GHz、66～71 GHz 作为 5G 全球毫米波统一工作频段，同时将 45.5～47 GHz 和 47.2～48.2 GHz 作为区域性毫米波频段。

8.2.2　5G 毫米波频段标准化

纵观 3GPP 5G 标准化历程，在已冻结的 R15/R16/R17 版本中，毫米波标准化内容占有相当大的比重。

（1）R15 版本。

除了明确 NR 的核心技术和总体架构，R15 还定义了 4 个毫米波频段 FR2（n257、n258、n260、n261），并对毫米波频段的子载波间隔和帧结构关键参数进行规范。此外，还确定了高频情况下针对单用户 MIMO、多用户 MIMO 以及双连接和载波聚合的特性支持情况。

（2）R16 版本。

R16 主要从网络优化角度考虑，在 R15 定义的基础上进行增强或补充特性，主要包括物理层增强、MIMO 增强、UE 节能和移动性增强特性等。

（3）R17 版本。

R17 主要在业务上进行了拓展，针对毫米波而言，标准化工作主要进行固定无线接入系统（FWA）和双连接（DC）增强优化。如引入 n257 和 n258 频段，FWA 终端 TRP（发送和接收点）最大发射功率可达 23dBm，以及多无线接入的双连接增强。

8.2.3　5G 毫米波产业链发展

随着毫米波标准化工作的稳步推进，运营商逐步加大投资力度，势必加速相关产业链的发展和成熟，从而加快全球 5G 系统部署和商用步伐。全球范围内美国毫米波应用部署最广泛，AT&T、Verizon 和 T-Mobile 从 2018 年起陆续在美国一些城市开通基于毫米波的 5G 商用网络。欧洲毫米波的应用范围主要集中在前期已完成频谱拍卖的国家，如意大利、芬兰和俄罗斯等。英国政府批准将 24.25～26.5GHz 毫米波频段用于室内业务运营。中国移动、中国联通和中国电信从 2017 年开始不断联合主流设备厂家进行 5G 毫米波关键技术测试和验证。日本已完成 27.0～29.5GHz 频段的拍卖。韩国于 2018 年完成了 28GHz 频段频谱（共 2400 MHz）的拍卖程序。

8.3　毫米波性能分析

1.覆盖

5G 毫米波频段高、传播损耗大、绕射和衍射能力差，受建筑物、植被、雨雪、人体或车体等阻挡的影响较大，从室外到室内的穿透损耗较大，覆盖相对受限，这是目前 5G 毫米波通信系统面临的最大挑战。根据毫米波的传播特性，毫米波适合视距场景（如室外或室内视距、室外富反射场景）和近似视距低穿透场景（包括室外植被穿透、室内玻璃穿透两种），难以覆盖室外建筑物阻挡、室内高穿透损耗等场景。

理论上电磁波在自由空间的传播损耗与载波频率正相关。根据 3GPP TR 38.901 信道模型中 0～100 GHz 无线电波在城市区域内直射路径损耗模型可知，自由空间损耗和载波频率正相关。其中 26 GHz 载波比 3.5 GHz 载波路径损耗高约 17.42 dB，传播距离只有 3.5 GHz 载波的 1/6。高频段毫米波的传播过程相对于低频段传播过程，建筑物的反射和衍射损耗更大，如混凝土反射损耗为 10dB 左右，衍射损耗通常大于 18dB。高频室外环境受到树木等植被的影响也非常明显，受到天气（尤其是大雨场景）的影响也更大。

高频段毫米波从室外到室内的穿透能力更差，对于单层玻璃、木头、冰、雪等材质能够穿透，对于混凝土材质及室内多层墙体等，在极端情况下，26GHz 载波比 3.5GHz 载波的穿透损耗要高接近 100dB。高频信号受到人体遮挡的影响比较大，如果终端周围存在多个人体阻挡，信号衰减非常明显。表 8.2 所示为 3.5GHz 和 26GHz 载波穿透损耗（dB）对比。

表 8.2　3.5GHz 和 26GHz 载波穿透损耗（dB）对比

载波频率	普通多层玻璃	IRR 玻璃	混凝土	木头	树衰（树高 2 米）	雨衰（大雨 10mm/小时）	雪	冰	人体
3.5GHz	2.7	24.05	19	5.27	7.67	0	0	0	3
26GHz	7.2	30.8	109	7.97	16.46	1.57	4	2	9～13

除了上述传播特性，毫米波的实际覆盖范围也受到系统配置参数影响。通常情况下，毫米波可以通过降低子载波间隔（Sub-Carrier Spacing，SCS）、增加上行或下行资源、增加收发天线数、增加天线增益、提高发射功率、优化 RB 资源分配等手段来扩展覆盖范围。

对于毫米波的单站小区覆盖来说，整体覆盖取决于上下行控制信道和上下行业务信道的综合覆盖效果。控制信道覆盖主要看极限覆盖距离，其中下行控制信道需要考虑同步广播信道（SSB）和专用控制信道 PDCCH，上行控制信道需要考虑 PRACH、PUCCH 和 SRS（Sounding Reference Signal，探测参考信号）。业务信道覆盖需要根据目标边缘速率来确定覆盖距离，不同上行和下行边缘速率目标对应不同的覆盖距离，可以通过降低边缘速率来规划覆盖。由于上行覆盖相对于下行覆盖更受限，业务信道相对于控制信道更受限，所以通常以 PUSCH 的覆盖来衡量整体覆盖。

对于毫米波的组网覆盖来说，在视距场景中的组网覆盖良好，但信号受遮挡的影响比较严重。与 3.5GHz 频段相比，以 RSRP 不低于-110dBm 作为基准值，按面积计算，26GHz 频段的总体覆盖面积只能达到 3.5GHz 频段的 62%左右。

2. 峰值速率

基于 3GPP TS 38.306 标准的峰值速率计算方法如下：

$$峰值速率（Mbps）=10^{-6}\sum_{j=1}^{J}\left[V_{\text{Layers}}^{j}\times Q_{\text{m}}^{j}\times f^{j}\times R_{\max}\times\frac{N_{\text{PRB}}^{\text{BW}(j),\mu}\times 12}{T_{\text{s}}^{\mu}}\times(1-\text{OH}^{(j)})\right]$$

其中，峰值速率与载波数 J、阶数 μ、空间复用层数 V_{Layers}^{j}、调制阶数 Q_{m}^{j}、比例因子 f^{j}、最大信道编码率 $R_{\max}$、评估带宽包含的 PRB 总数 $N_{\text{PRB}}^{\text{BW}(j),\mu}$ 呈正相关，而与 OFDM 符号持续时间 T_{s}^{μ} 和系统开销 $\text{OH}^{(j)}$ 呈负相关。5G 毫米波的峰值速率可以从增加可用资源和降低开销两方面来提升。同时，基于毫米波频段的 5G 采用 TDD 方式，不同 TDD 帧结构配置对应不同的上下行资源占比，从而直接影响上下行峰值速率。

不同帧结构和调制阶数的 5G 毫米波上下行峰值速率如图 8.1 所示。对于

26GHz 频段载波连续 800MHz 频谱，目前单用户可以支持下行 8×100MHz 或 4×200MHz、上行 2×100 MHz 或 2×200MHz 的 SU-MIMO 载波聚合，小区可以支持上下行 800MHz 的 4 流 MU MIMO 传输。

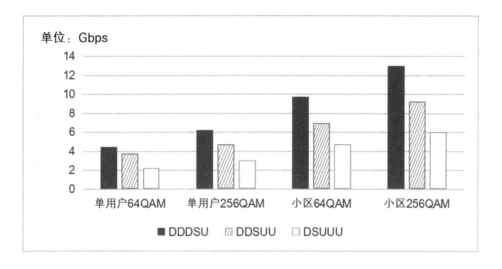

图 8.1　不同帧结构和调制阶数的 5G 毫米波上下行峰值速率

3.容量

5G 毫米波相对于 Sub 6GHz 频段而言的优势在于其高容量。毫米波的容量性能主要体现在用户数和小区平均吞吐量两个方面。其中用户数可以通过 RRC 连接用户数、每秒尝试呼叫次数和每调度周期用户数来表征，小区吞吐量可以通过平均吞吐量和边缘吞吐量来表征。高频用户数受限于上下行控制信道的无线资源配置，可以从 PRACH、PDCCH、PUCCH、SRS 等信道容量进行分析，从而评估哪个信道为受限瓶颈。通常情况下，PRACH 信道容量更容易成为小区容量受限的瓶颈。

多小区和多用户场景下的小区吞吐量主要受到组网环境和系统能力两方面的影响，其中组网环境包括场景、传播特性和用户分布等，系统能力包括带宽能力、MIMO 能力、多用户调度能力等。组网环境对小区吞吐量的影响非常明显，室内或室外热点场景的小区吞吐量要明显高于农村场景，视距传播环境的小区吞吐量明显高于非视距环境，用户分布好点和中点的用户比例越高的小区吞吐量也会越高。系统能力对小区吞吐量的提升尤为关键，可通过增加系统带宽、优化 MU MIMO 配对并提高 MU MIMO 占比，以及优化多用户调度算法，如增强比例公平（Enhanced Proportional Fair，EPF）算法，提升资源分配效率，从而进一步提升小区吞吐量。3GPP 城市宏站区域（Urban macro area，Uma）场景下不同站间距的容量仿真结果如图 8.2 所示。

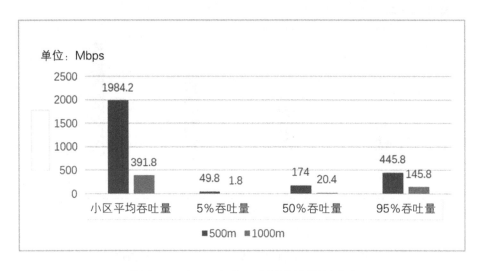

图 8.2　3GPP Uma 场景下不同站间距容量仿真结果

4.时延

通常来说，5G 网络中空口时隙长度越短，物理层的时延越低。不同频段对应的时隙长度如表 8.3 所示，可以看出 5G 毫米波系统空口时隙长度最小可至 0.125ms，只是对应 5G 中低频系统时延的 1/4。5G 毫米波技术相对于 Sub 6GHz 频段的空口时延显著降低，能够满足 5G 空口时延小于 1ms 的时延要求，更适用于 5G 工业物联网、AR/VR 等场景。

表 8.3　不同频段对应的时隙长度

频段	子载波间隔（kHz）	时隙长度（ms）
1GHz	15、30	1、0.5ms
1~6GHz	15、30、60	1、0.5、0.25
24.25~52.6GHz	60、120	0.25、0.125

8.4　毫米波外场测试分析

5G 技术试验是持续不断推动整个产业链发展的重要手段和举措。2019 年中国信息通信研究院牵头启动 5G 增强技术研发试验，重点开展毫米波技术和产品测试及芯片与系统互联互通测试。

1. 5G 毫米波技术试验目标和任务

首先，通过测试验证 5G 毫米波的关键技术和主要特性，研究制定 26GHz 频段的 5G 设备功能和性能指标要求，指导 5G 毫米波基站核心器件和终端的研发。

其次，研究 5G 毫米波的测试技术和方法，开发毫米波射频功能和性能的测试系统。构建支持 SA 和 NSA 的毫米波试验测试环境，支撑 5G 毫米波端到端测试验证工作。

最后，随着 5G 赋能千行百业，需要从各个维度、各个角度探索 5G 毫米波技术应用，在典型的场景中探索毫米波未来在 5G 组网方面的应用和部署经验。

2. 5G 毫米波技术试验工作

毫米波技术的试验工作大体上可分成三个阶段：

第一阶段（2019 年 8 月—2019 年 12 月）：验证 5G 毫米波关键技术和系统特性。

第二阶段（2020 年）：验证毫米波基站和终端的功能、性能和互操作测试，同时也开展一些高低频协同组网方面工作。未来 5G 规划组网将采纳以 Sub 6GHz 中频段打底的方案，因此毫米波如何与 Sub 6GHz 频段协同也是后续需要研究的重点。

第三阶段（2020—2021 年）：开展典型场景的验证，探索 5G 毫米波与各行各业结合。

3. 5G 毫米波技术试验内容

5G 毫米波的测试分阶段进行，第一阶段是关键技术的测试，主要包括室内功能测试、外场性能测试和基站射频空中激活（Over The Air，OTA）测试。

（1）在室内功能测试方面，毫米波的突出特征是带宽比较大，Sub 6GHz 频段最大带宽是 100MHz，毫米波最大带宽可达 400MHz、800MHz 甚至更大。频段特性决定了毫米波的子载波间隔更小，需要针对毫米波研究探讨它所适合的帧结构。在工程实现中采用毫米波的天线振子更多，采用数模相结合的赋形方式，有必要针对毫米波大规模天线在 MIMO、传输及模拟波束等方面进行专门的研究。目前大部分毫米波终端位置固定，由于频段高，受外界的影响相对较大，所以试验中需要测试毫米波终端的低速移动性。室内功能测试还包括信道、编码方案和随机接入等物理层基础功能支持情况。

（2）在外场性能测试方面，主要涉及毫米波与 Sub 6GHz 频段覆盖特性比较、单小区和单用户上下行吞吐量、时延、小区内和小区间移动性。

（3）在 OTA 测试方面，发射机的典型指标包括：基站等效全向辐射发射功率（Equivalent Isotropic Radiated Power，EIRP）、基站总辐射功率（Total Radiated Power，TRP）、无用发射占用带宽、误差向量幅度（Error Vector Magnitude，EVM）、发射机的杂散发射等，接收机的典型指标包括接收机参考灵敏度等。

毫米波测试进展如表 8.4 所示，除国内三大运营商外，华为技术有限公司（简称华为）、中兴通讯股份有限公司（简称中兴）、中国信息通信科技集团有限公司（简称中国信科）、上海诺基亚贝尔股份有限公司（简称诺基亚贝尔），以及国外的爱立信公司（简称爱立信）和三星集团（简称三星）也都在加大毫米波研发。华为、中兴、爱立信均已通过 5G 毫米波基站的功能、射频和外场及 OTA 性能测试。此外海思和高通两个芯片厂家也积极参与了毫米波关键技术室内功能的测试项目。

表 8.4　毫米波测试进展

系统厂商	功能	射频	外场	OTA 性能
华为	★	★	★	★
中兴	★	★	★	★
中国信科	★	★	★	
诺基亚贝尔	★	★	★	
爱立信	★	★	★	★
三星	★	★		

　　在 5G 毫米波关键技术室内功能测试中，试验采用 26GHz 频段。系统带宽包括 100MHz、200MHz 和 400MHz，支持的射频带宽为 400MHz 和 800MHz。在帧结构方面，毫米波的子载波间隔（SCS）选用 120kHz，帧长为 0.625ms。如表 8.5 所示，在测试中分别定义以下行为主和以上行为主的帧结构，验证毫米波上行/下行容量能力。通过测试验证，各设备厂家都可以支持以大带宽下行为主的帧结构配置以及满足波束管理方面的特性。针对测试终端而言，海思和高通的芯片也分别与华为和中兴系统相配合，对这两种组合终端分别开展了关键技术测试。海思提供的设备带宽可以支持 400MHz，高通提供的设备带宽可以支持 100MHz，测试速率基本上可以达到理想峰值速率。

表 8.5　5G 毫米波关键技术室内功能测试

芯片—系统	带宽配置	帧结构	测试终端	调制	峰值速率
海思—华为	400MHz	DDDSU	2T2R	64QAM	下行：1.97Gbps 上行：550Mbps
高通—中兴	100MHz	DDDSU	2T2R	64QAM	下行：491Mbps 上行：145Mbps

　　5G 毫米波功能验证和性能测试结论如图 8.3 所示，通过带宽、帧结构、波束管理功能等测试项配置，毫米波 5G 小区吞吐量达到 10Gbps 以上，超过 Sub 6GHz 频段吞吐量的数倍。

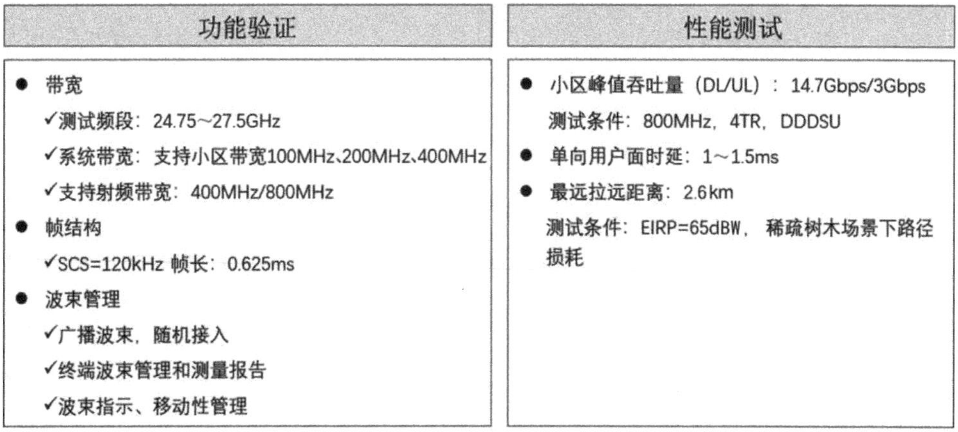

功能验证
- 带宽
  - ✓测试频段：24.75～27.5GHz
  - ✓系统带宽：支持小区带宽100MHz、200MHz、400MHz
  - ✓支持射频带宽：400MHz/800MHz
- 帧结构
  - ✓SCS=120kHz 帧长：0.625ms
- 波束管理
  - ✓广播波束，随机接入
  - ✓终端波束管理和测量报告
  - ✓波束指示、移动性管理

性能测试
- 小区峰值吞吐量（DL/UL）：14.7Gbps/3Gbps
  测试条件：800MHz，4TR，DDDSU
- 单向用户面时延：1～1.5ms
- 最远拉远距离：2.6km
  测试条件：EIRP=65dBW，稀疏树木场景下路径损耗

图 8.3　5G 毫米波功能验证和性能测试结论

5G 毫米波关键技术外场测试的具体结论如下。

（1）覆盖。

环境对于毫米波信号的遮挡影响明显，高大树木（树冠高 3～5m）对信号的衰减为 10～20dB。

在视距场景下，单站拉远距离测试情况如下：

当基站 EIRP=55dBW 时，小区覆盖范围达到 3.5GHz 频段小区覆盖的 20%；

当基站 EIRP=62dBW 时，小区覆盖范围达到 3.5GHz 频段小区覆盖的 50%。

（2）用户面时延。

测试终端到整个核心网的 ping 时延最低达到 4ms，剔除网络侧对时延的影响，空口时延接近 1～1.5ms，相比 Sub 6GHz 频段时延更低。

（3）吞吐量。

在基站配置 800MHz 载波带宽、基站天线配置 4T4R 和终端天线配置 2T4R 的情况下，单小区下行峰值吞吐量最高达到 14.7Gbps，上行峰值吞吐量最高达到 3Gbps。

（4）移动性。

毫米波系统支持波束扫描、波束测量、波束移动等波束管理功能。在低速移动条件下，毫米波终端可以在小区内和小区间进行正常的切换。在覆盖情况相对较好的无线环境下，当测试终端在两个基站之间进行移动时，小区下行平均吞吐量可以达到 5.5Gbps，上行平均吞吐量可以达到 900Mbps。

（5）毫米波 IAB 测试。

IAB 是毫米波面向 3GPP R16 和 R17 演进的关键技术之一，目前相关标准化工作已完成。在外场测试中，针对 26GHz 毫米波频段的设备进行多跳拉远覆盖和小区平均吞吐量的测试，小区覆盖范围超过 3km，小区平均吞吐量超过 400Mbps。

4. 5G 毫米波技术试验总结

在 5G 毫米波技术试验中，华为、爱立信、中国信科、诺基亚贝尔、中兴等系统厂家和海思、高通等芯片厂家均参与到 5G 毫米波的测试工作中。华为、中兴和诺基亚贝尔完成了毫米波关键技术测试、射频和外场性能测试。

后续测试工作将会完善和优化毫米波设备的关键性能指标。下一步工作重点将面向毫米波设备和组网测试及小规模试验，推进毫米波基站、芯片和射频模组的开发和优化，研究毫米波的适用场景和组网方案，探索未来后续毫米波和工业领域的融合应用。

8.5　毫米波频谱规划

在 ITU WRC-19 大会上，各国就 5G 毫米波频谱使用达成共识，统一规划了 24.25～27.75GHz、37～43.5GHz、66～71GHz 共 14.75GHz 带宽的频谱资源。大量连续带宽的毫米波频谱资源将有力支撑 5G 大规模应用场景，满足对业务速率和系统容量的极高要求，加速全球 5G 系统部署和商用步伐。目前 3GPP 定义的 5G FR2 工作频率范围为 24.25～52.6GHz，已经定义 n257、n258、n260、n261 等 4 个毫米波频段，且均采用 TDD 双工方式。如表 8.6 所示。

表 8.6　3GPP 定义的 5G FR2 频段编号及其频率范围

频段编号	上行和下行工作频率范围	双工方式
n257	26.5～29.5GHz	TDD
n258	24.25～27.5GHz	TDD
n261	27.5～28.35GHz	TDD
n260	37～40GHz	TDD

1. 国外毫米波频谱使用情况

截至 2020 年 11 月，全球 17 个国家和地区中已有 97 家运营商持有在毫米波频段部署 5G 网络的牌照许可，22 家运营商在毫米波频段积极开展 5G 网络部署，其中 24.25～29.5GHz 是目前实现商用部署最多的毫米波频段。

美国：2018 年 6 月，美国联邦通信委员会（Federal Communications Commission,

FCC）宣布在 26GHz 和 42GHz 频段中增加 2.75GHz 频谱资源。2018 年 12 月，FCC 宣布一项涵盖 37GHz（37.6～38.6GHz）、39GHz（38.6～40GHz）、47GHz（47.2～48.2GHz）频谱资源的激励拍卖，以便为 5G 腾出更多频谱资源。2019 年 12 月，FCC 启动 37GHz（37.6～38.6GHz）、39GHz（38.6～40GHz）、47GHz（47.2～48.2GHz）频谱资源拍卖，释放总计 3.4GHz 频谱资源用于 5G。

德国：德国电信监管机构计划将在 24.25～27.5GHz 范围内的部分频段规划用于公网 5G 业务，作为公众移动通信的容量补充，以微蜂窝方式为一定区域内移动通信用户提供服务，解决农村地区最后一公里的宽带接入问题。

比利时：计划在 2022 年至 2027 年，拍卖 31.8～33.4GHz 和 40.5～43.5GHz 频谱资源用于 5G 网络。

意大利：2018 年 9 月，意大利对 5G 毫米波频谱资源进行拍卖用于商用。

日本：提出面向 2020 年的 5G 商用频谱计划，毫米波频谱资源主要聚焦在 28GHz（27.5～29.5GHz）频段，每家运营商可以获得 400MHz 频谱资源用于网络部署和运营。

韩国：韩国政府在 2018 年 6 月完成 5G 频谱资源拍卖，其中在 26.5～28.9GHz 范围内共拍卖 2.4GHz，三家运营商分别获得 800MHz 带宽。

2. 国内毫米波频率使用概况

工业和信息化部于 2017 年 6 月发布了关于在毫米波频段规划第五代国际移动通信系统（5G）使用频率的公开征集意见函，公开征集 24.75～27.5GHz、37～42.5GHz 或其他毫米波频段 5G 系统频率规划的意见；此外，在 2017 年 7 月又批复新增 24.75～27.5GHz 及 37～42.5GHz 毫米波频段用于 5G 技术试验。

香港地区：2019 年 3 月，香港通讯事务管理局宣布将 26.55～27.75GHz 范围内的 1.2GHz 带宽资源分配给三家运营商，用于发展 5G 移动服务，每家获得 400MHz 带宽资源。

3. 5G 毫米波频率规划建议

结合国际、国内的关于毫米波频率规划、分配、拍卖等进展情况，针对我国

5G 毫米波频率规划和法规给出以下建议：

（1）推动全球 5G 毫米波频段频率统一划分，发挥规模经济效益。

（2）尽早规划 24.75～27.5GHz 及 40.5～43.5GHz 频段，为产业明确指导方向，支持毫米波预商用试验及毫米波大规模商业部署。

（3）在制定干扰共存相关法规的同时，制定合理的保护原有业务的射频指标，建议与 ITU WRC-19 决议保持一致，并研究干扰协调方式。

（4）考虑规划更多 43.5GHz 以上频率，以满足热点需求。

8.6　毫米波典型应用场景

以 5G 网络为代表的无线技术在我们的社会生活、全球经济发展中变得越来越重要。5G 网络需要支持各种各样的 5G 终端和应用，也需要在不同频段上进行不同类型系统部署，包括毫米波频段和 6GHz 以下的中频段。根据 3GPP TR 38.913 规范定义，与毫米波频段应用相关的场景包括室内热点、密集城区、宏覆盖、高速铁路接入与回传及卫星扩展到地面场景等。美国和韩国大多利用毫米波进行热点覆盖和固定无线接入。从毫米波的传播特性和覆盖能力考虑，通过多轮的产业研讨和试验验证，业界已经基本明确 5G 毫米波适合部署在相对空旷无遮挡或少遮挡的环境。

5G 毫米波的部署总体上采用高低频混合组网的方式，将毫米波与 Sub 6GHz 频段结合，凸显毫米波带宽优势。5G 毫米波系统可以根据需求与低频系统共站部署或拉远部署，提供精准覆盖。首先，根据具体部署场景，需要毫米波宏站、毫米波微站、毫米波微 RRU（室外小型 RRU）等多种形态的设备组网。其次，在专网区域可以采用毫米波 SA 及 FWA 组网，凸显毫米波超低时延和大带宽的优势。最后，采用灵活的帧结构配置，服务不同类型的专网定制化业务。

5G 毫米波典型应用场景如下。

1. 室外覆盖

室外覆盖是运营商初期部署网络重点考虑的场景。对于部署在毫米波频段的 5G 网络而言，室外覆盖场景充满挑战。在相同收发机距离条件下，毫米波与 Sub 6GHz 中频段系统（如 3.5GHz NR）相比，由于受到反射和绕射的影响，非视距传播（NLOS）相对于视距传播（LOS）存在 10~20dB 的额外损耗。在实际商用部署场景中，还应该考虑树木的遮挡情况。对于城区的室外覆盖，虽然没有损耗较大的树林场景，但绿化植被带来的阻挡损耗也不容忽视。对于部分毫米波频段，虽然大气吸收影响可以忽略，但对于多雨区域，雨衰也需要重点考虑。

2. 室内热点覆盖

随着 5G 时代的到来，各种新型业务层出不穷，业界预测将有超过 85%的移动业务发生于室内场景中。室内通信环境相比室外通信环境而言更为简单，毫米波非常适合部署于室内热点覆盖环境，通过提供高密度连接来满足高吞吐量需求。室内场景主要包括办公室、会议室、商场、火车站和机场等。

3. 固定无线接入（FWA）

毫米波位于高频段，波长较短，在相同面积可实现更多天线阵子的布放，波束能量更加集中。毫米波系统可以基于 800MHz 带宽提供 100Gbps 峰值速率，适用于无线回传链路传输，可解决一些场景无法布放光纤或布放光纤代价过高的问题。例如，毫米波可以作为 LTE/5G 低频基站的回传链路，或者可以通过毫米波客户终端设备（Customer Premises Equipment，CPE）提供家庭或企业宽带接入服务。

如图 8.4 所示，毫米波 FWA 组网方式利用 CPE 为用户提供服务，产业链相对成熟，用户体验和实现难度都很低，适合光纤不易接入或成本过高的地区，可采用 CPE 挂墙或靠窗安装的方式。

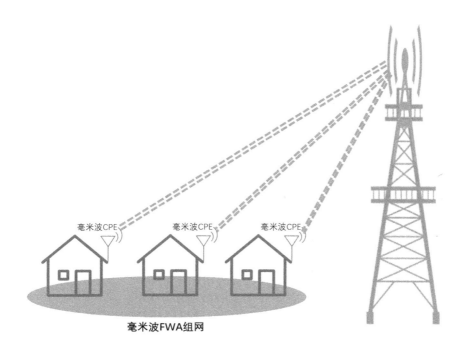

毫米波CPE   毫米波CPE   毫米波CPE

毫米波FWA组网

图 8.4   毫米波 FWA 组网示意图

4. 企业园区专网覆盖

通过与边缘计算、人工智能等前沿技术相结合，5G 毫米波在大带宽网络基础上叠加丰富多样的增值服务，可以为工业园区、厂区、码头、港口等覆盖区域提供定制化服务。

8.7   5G 毫米波的技术解决方案

8.7.1   覆盖优化

5G 毫米波传播损耗较大是影响商用部署的最大挑战，目前在工程上存在多种解决方案应对 5G 毫米波信号衰减和阻挡问题。

1. 波束赋形

首先，通过波束赋形可弥补 5G 毫米波在传播特性上相对于 5G 中低频段的不足，增加等效全向辐射功率、提升覆盖能力，实现数百米的信号传输，缓解路径损耗问题。其次，在 5G 标准化工作中，5G 毫米波的波束管理成为重点，包括波束搜索、波束跟踪和波束切换等，使得 5G 毫米波能在部分方向信号受到遮挡的情况下迅速捕捉新波束并动态实施波束切换。最后，半导体技术的进步推动了 5G 毫米波技术快速发展，将大规模天线阵列和射频链路整合成相位阵列，实现智能波束赋形、波束搜索和波束跟踪，从硬件上为 5G 毫米波产业化提供了强大的支持。

2. Small Cell 技术

在 5G 时代，单一基站类型很难满足所有通信需求和部署场景。与 5G 中低频段的宏站技术相比，5G 毫米波 Small Cell（微蜂窝）基站覆盖半径相对较小，部署密度更大，通过缩短通信距离保证高峰值吞吐量和覆盖效果。5G 毫米波 Small Cell 基站既能在室内部署，也能在室外部署，可以匹配不同部署场景和使用需求。

5G 毫米波 Small Cell 基站作为覆盖问题的解决方案，最典型的部署场景是业务热点区域，如会议室、大型体育场馆、音乐厅、交通枢纽等。一方面，热点场景针对 5G 网络容量需求更高，负载压力更大。5G 毫米波 Small Cell 基站高容量特性可以对宏站负载进行有效分流，提高用户接入成功率，保证用户连接的稳定性和体验的一致性。另一方面，热点场景可以通过 5G 毫米波 Small Cell 基站的高密度部署补偿信号的穿透损耗。由于覆盖距离相对较短，5G 毫米波 Small Cell 基站信号质量能够得到保证。与宏站相比，5G 毫米波 Small Cell 基站可以简化超高密度网络部署方案，实现即插即用和弹性组网，有效降低对基站选址和安装的要求。

3. IAB 技术

3GPP R16 版本提出了 IAB（集成接入及回传）技术增强 5G 毫米波网络覆盖

能力。一方面，利用 5G 毫米波超大带宽提供回传链路，有助于将 5G 天线安装到难以部署光纤或部署光纤成本过高的地方，从而降低部署成本、加快部署进度，实现 5G 网络无缝覆盖。IAB 组网方案示意图如图 8.5 所示，一方面，IAB 技术可以通过无线回传扩大 5G 毫米波网络覆盖范围；另一方面，IAB 技术也可以通过接入或回传链路的共享频谱资源提高容量。IAB 技术支持多跳连接和网络拓扑自适应功能，使得 5G 毫米波网络覆盖范围灵活延伸。IAB 技术支持接入链路和回传链路协同，实现两者在物理层资源分配、波束和干扰等方面一体化管理，可以整合不同链路资源，提高整体效率。

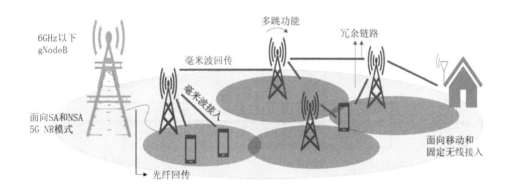

图 8.5　IAB 组网方案示意图

8.7.2　灵活空口的实现

不同的行业应用对业务需求呈现较大的差异性，例如，视频监控、移动警务机器人、远程手术等需要大上行速率保障，4K、8K 高清视频和 VR、AR 则需要大下行速率保障。目前，5G 毫米波技术的空口上下行能力不均衡，无法完全满足灵活的部署需求。因此，业界提出了 5G 毫米波灵活帧结构方案，根据业务需求采用 3 种帧结构：Option1、Option2、Option3，相互之间实现方案自适应调整，满足业务差异化需求。采用时隙配比为 3D1U（DDDSU）的帧结构适配大下行业务；采用时隙配比为 1D3U 的（DSUUU）帧结构适配大上行业务；采用时隙配比为 2D2U（DDSUU）的帧结构适配上下行均衡业务。5G 毫米波灵活帧结构配置如图 8.6 所示。

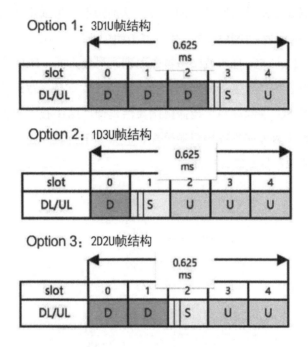

图 8.6　5G 毫米波灵活帧结构配置

8.7.3　毫米波与中低频段共存

5G 毫米波的规模部署将是一个渐进过程，前期可以先解决"补盲补热"、行业应用及无线回传场景，接着逐步在城市的密集城区连续部署，最后提供大多数场景的高速宽带接入。短期内 5G 毫米波部署难以实现连续无缝覆盖，所以需要与 Sub 6GHz 频段协同规划、负荷分担、高低频切换与互操作。载波聚合（CA）和双连接（DC）技术可以将中低频段和 5G 毫米波有机结合起来。运营商可以采取 5G Sub 6GHz 频段+毫米波部署策略，使用 CA 或 DC 技术，充分利用各频段优势，采用 5G Sub 6GHz 频段确保网络覆盖，负责信道获取、寻呼和移动性管理等功能，采用 5G 毫米波提供超大容量。在 3GPP 标准中，5G 毫米波和 Sub 6GHz 频段共享相同的空口协议，因此 5G 毫米波与 Sub 6GHz 频段可以实现载波聚合。

8.7.4　5G 毫米波移动性管理

由于高频信号的传播特点，5G 毫米波小区覆盖半径通常较小，终端在移动状态下由于小区切换频繁而容易出现数据传输中断。3GPP 标准针对 5G 毫米波移动性管理提出两个解决方案，保证无缝的用户体验。

首先，采用各种灵活快速的小区切换方案，既可以基于高层信令切换，也可以基于低层指示切换，由此满足不同场景的小区切换需求。

其次，采用快速的波束恢复机制。一旦发生波束建立失败，5G 毫米波系统能够在无须核心网和高层信令干预下实现毫秒级快速波束恢复。在 R16 版本规范中，3GPP 还完善了多发送接收点（Multiple Transmit Receiver Point，Multi-TRP）功能，用于增强边缘用户的性能和链路稳健性。支持 Multi-TRP 功能的高频手机在不同基站上分别建立两个波束链接，当一条基站传输链路被遮挡或快衰落时，另外一条基站传输链路保持连通，有效避免毫米波衍射效应差的问题。

8.8　本章小结

毫米波具备更大的系统容量和更强的业务支撑能力，能够充分释放 5G 潜能，成为 5G 下一阶段重点部署的核心技术。本章主要阐述了 5G 毫米波的性能分析、外场测试分析、频谱规划、典型应用场景和技术解决方案，主要目的在于发挥 5G 毫米波技术优势以及推动其商业部署和产业发展的进程。

5G 毫米波支持移动通信的技术解决方案已经基本成熟。目前 5G 毫米波产业链和标准化组织针对 5G 毫米波的限制提出多种创新解决方案，如先进波束赋形和灵活波束管理技术、IAB、快速灵活的小区切换管理、波束失败快速恢复、跨频段跨制式载波聚合和双连接、宏站微站混合组网方案等，实现 5G 毫米波的覆盖优化、移动性管理优化和用户体验优化。在研究实践中攻克了大规模天线阵列天线管理、终端天线布局、OTA 测试等难题。

5G 毫米波适用于室内外交通枢纽、场馆等热点覆盖区域及工业互联网等行业应用，以及家庭、写字楼等无线宽带接入应用场景，满足相关业务对于大带宽、低时延、精准定位、灵活部署等方面的需求，目前已经实现一批成功的应用案例。

3GPP 在 R17 版本中将引入低复杂度、高可靠性的 5G NR 产品，在最新推出的终端中已支持毫米波频段。同时，毫米波频谱将从 52.6GHz 拓展到比 71GHz 更高的频段，以支持更多样化的应用场景。在未来 6G 研究过程中，毫米波将向卫星通信拓展，作为星间链路、用户链路和馈电链路的首选宽带技术。毫米波广泛应用将为推动社会经济快速增长带来更大的效益。

第 9 章

5G-Advanced 无线
技术演进

目前，5G 正在全球部署和商业化推广。截至 2023 年 7 月，全球已有 250 多家运营商部署了 5G 商用网络，5G 终端连接数量达到 15 亿左右，全球 5G 人口覆盖率约为 30.6%。我国已建成 5G 基站 293 万个，覆盖全国所有地市、县城城区和 95% 的乡镇。与此同时，全球产学研各界针对 5G 演进方向、需求和技术进行广泛讨论。2021 年 4 月 27 日，3GPP 在第 46 次项目合作组（Project Cooperation Group，PCG）会议上正式确定 5G 演进的名称为 5G-Advanced。会议决定 5G-Advanced 的标准化工作将从 R18 开始，2021 年 12 月完成 5G-Advanced 第一个版本 R18 标准的首批项目立项，预计 2023 年底标准冻结。5G-Advanced 为未来十年 5G 持续演进规划了蓝图，将为 5G 面向 2025 年后的发展定义新目标和新能力，通过全面演进和增强，满足用户对于超大带宽、超低时延和超大流量的应用诉求，使 5G 产生更大的社会和经济价值。

9.1 5G 无线技术演进需求和目标

5G 的核心目标是赋能千行百业。如何满足更多样、更复杂的全场景物联需求是推动牵引 5G 无线技术持续不断演进的动力。

9.1.1 场景拓展

5G-Advanced 主要聚焦垂直行业场景并扩展其网络能力。如图 9.1 所示,除了 5G 原有的 eMBB、uRLLC、mMTC 的"三角能力",5G-Advanced 还增加了 UCBC(上行超宽带)、RTBC(宽带实时通信)和 HCS(通信感知融合)能力,使原有的 5G 三大标准场景扩展为能力更强的"六边形",既增强了原有场景,又扩展了新场景,从而有力支撑万物互联并使能万物智联。

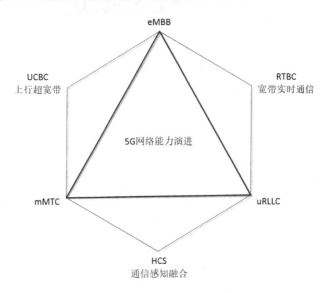

图 9.1 5G-Advanced 标准场景扩展

一般而言,针对 2C 场景的 4G、5G 网络,下行比上行需求更旺盛,但面对某些 2B 业务场景,上行比下行更重要。

UCBC 场景将增强 5G 上行能力,在现有的基础上至少扩展 40 倍的带宽,可以满足企业在生产制造等场景中,机器视觉、海量宽带物联等业务的上传需求。

RTBC 场景则将支持大带宽和低交互时延,在既定时延下带宽将扩展 10 倍,全面使能 XR Pro 和全息应用沉浸式体验。

HCS 场景支持通信和感知融合,可以提供厘米级的高精度、低功耗室内定位服务。未来 10 年,自动驾驶将越来越多地进入人们的生活,但要实现 L4 级和 L5

级自动驾驶，离不开车路协同，这就要求网络不仅提供连接能力，也要具有感知能力，因此通信和感知的融合变得尤为重要。

9.1.2 技术演进目标

随着 5G 商用网络建设和能力提升的稳步推进，5G 网络的建设重点正逐步向垂直行业应用转移，到 2025 年 5G 垂直行业应用将初具规模。当前 5G 网络所面临的问题与挑战逐渐凸显，主要包括真实用户体验与设计目标存在差距、与垂直行业融合不深入、缺少创新型服务与应用，以及 6G 前瞻性技术研究还需持续加速。

在 5G-Advanced 研究、标准化及产业化工作中，需要夯实 5G 基础能力，持续积累潜在使能关键技术，实现 6G 与 5G 的完美衔接，聚焦在 5G 性能提升、场景深化和 6G 技术前瞻方面并开展深入研究。

在性能提升方面，5G 当前技术标准还有较大的提升空间，比如全系统节能、多天线增强、上行增强、移动性增强，等等。特别地，能耗问题是 5G 急需解决的重要难题，高频段、大带宽、大规模天线等技术在提升系统性能的同时，也导致 5G 基站的功耗达到 4G 基站的 3 倍左右，能耗问题成为 5G 网络大规模商业部署的沉重负担，也限制了其在垂直行业领域的应用以及 5G 终端的大规模普及。为了实现我国 2030 年 "碳达峰"、2060 年 "碳中和" 的总体目标，5G-Advanced 需要进一步降低系统能耗。在 5G R16 终端节能项目中，已经开始研究网络、设备和终端的全系统节能总体方案，目的是实现终端、设备自身能耗的降低以及系统节能的全局优化。

在场景深化方面，高精度定位、车联网、多播、广播等关键技术需要进一步演进，并与各垂直行业应用场景进行深度融合，实现 5G 在更多的行业和场景中成熟与落地。高精度定位技术是众多垂直行业使能的关键技术之一，为了真正赋能垂直行业，5G-Advanced 需要提供厘米级的定位精度。面对工业复杂场景所需要的低时延、高可靠性及高精度同步和定位等方面的需求，当前的 5G 网络能力还需要进一步演进。

在技术前瞻方面,随着 6G 技术研究的持续加速,卫星互联网、人工智能、机器学习、通信与感知一体化等众多 6G 潜在关键技术将被逐步引入 5G-Advanced 中,以解决当前移动通信行业所面临的挑战,并为实现 6G 与 5G 的完美衔接夯实基础。面向 5G 演进,研究人员致力于无线网络智能化的研究与标准化工作,以实现网络数据收集一体化、内生智能与边缘计算一体化、传统业务与内生业务一体化等。通过对 5G 信号进行深入分析,在获取通信数据的同时,还可以获得环境、物质等更丰富的感知信息,从而与 5G 高精度定位技术形成互补,更好地服务于产业升级、社会治理和智慧生活。

5G-Advanced 主要聚焦垂直行业扩展。如何释放 5G 潜能仍是摆在我们面前的重要研究课题和目标。5G 演进需要利用新技术持续提升新能力,提升现网性能和效率并降低成本,赋能千行百业,满足未来个人超高清和沉浸式等新业务发展需求。

9.2   5G 现网性能增强

5G 现网性能增强主要包括上行能力提升、大规模 MIMO、uRLLC 增强、低成本物联网和移动性增强等关键使能技术,持续增强 eMBB、uRLLC、mMTC 等方面,尤其是面向机器视觉等大上行业务和 AR、VR 等沉浸式业务,引入补充上行链路增强和多载波传输等新技术、新功能,实现 1Gbps 峰值速率、超低时延、大业务下 99.9999%可靠度等目标,进而持续提升 5G 网络的性能,助力网络能力进阶。

3GPP 在牵头 5G-Advanced 立项的推进过程中,通过融合产业链的不同需求,研究 5G 现有技术增强方案,确定 3GPP RAN R18 工作主题内容。其中的研究项目都还需要进一步讨论和论证,R18 无线侧的核心研究主题如下。

(1)下行链路 MIMO 演进。

- CSI 的进一步增强(如移动性、开销等)
- 多传输接收点和多波束的改进处理

- CPE 相关因素

（2）上行链路增强。

- 大于 4 流的发送操作
- 增强的多面板/Multi-TRP 上行链路操作
- 频率选择性预编码
- 覆盖增强

（3）移动性增强。

- 基于层 1 或层 2 的小区间移动性
- DAPS（双激活协议栈）/CHO（条件切换）相关的改进
- FR2 相关功能增强

（4）额外的拓扑改进。

- 移动 IAB（集成接入及回传）/车载中继
- 具有 Side 控制信息的智能中继器

（5）XR（扩展现实）增强。

- KPI/QoS、应用感知性操作，功耗、覆盖范围、容量和移动性相关的方面（针对 XR 的功耗、覆盖范围、移动性）

（6）侧链路（Sidelink）增强。

- Sidelink 增强（如非授权、节能增强、效率增强等）
- Sidelink 中继增强功能
- LTE V2X 和 NR V2X 共存

（7）降低能力（Reduced Capability，RedCap）功能演进（不含定位）。

- 新用例和新的 UE 带宽（5MHz）
- 省电增强功能

（8）NTN（非地面网络）演进，包括 NR 和 IoT（物联网）方面。

（9）广播和组播业务的演进，包括基于 LTE 的 5G 广播和 NR 多播广播服务。

（10）定位扩展和改进。

- Sidelink 定位/测距

- 提高准确性、完整性和电源效率
- RedCap 定位

（11）双工方式的演进。

- 部署场景，包括双工模式
- 干扰管理

（12）人工智能与机器学习。

- 空口
- 下一代无线接入网

（13）网络节能。

- KPI 和评估方法、重点领域和潜在解决方案

（14）附加 RAN1/RAN2/RAN3 候选主题（集合 1）。

- UE 省电
- 支持 52.6GHz 以上频带的增强和扩展
- 载波聚合与双连接增强（如多无线电、多连接等）
- 灵活的频谱整合
- 可重构智能表面
- 其他（RAN1 主导）

（15）附加 RAN1/RAN2/RAN3 候选主题（集合 2）。

- 无人驾驶飞行器（Unmanned Aerial Vehicle，UAV）
- 工业物联网（Industry Internet of Things，IIoT）/uRLLC
- 低于 5MHz 的专用频谱
- 其他物联网增强功能、类型
- 高空平台系统（High Altitude Platform Station，HAPS）
- 网络编码

（16）附加 RAN1/2/3 候选主题（集合 3）。

- gNB 间协调内容：gNB 与 gNB-DU 间多载波操作；gNB 与 gNB-DU 间 Multi- TRP 操作；增强 gNB-C 弹性

- 网络切片增强
- 多个通用用户标识模块（Multiple Universal Subscriber Identity Module，MUSIM）
- UE 聚合
- 安全增强
- 自组织网络（Self-Organizing Network，SON）、最小化路测（Minimization of Drive Tests，MDT）
- 其他（RAN2/RAN3 主导）

9.3　5G-Advanced 无线潜在关键技术

不断增加的 5G 新服务为不同场景带来了复杂且全面的用户需求。面对新应用场景带来的新指标需求，比如 Tbps 量级的峰值速率、Gbps 级别的用户体验速率、有线连接的时延等需求，仅依靠现有的 5G 技术难以满足。为此，业界积极研究新技术、新架构和新设计，满足未来 5G-Advanced 更加丰富的业务应用和极致的性能需求，争取在无线关键核心技术领域实现突破。

9.3.1　内生智能的新型空口

在未来移动通信系统设计中，将人工智能技术内生于无线架构、无线算法、无线数据和无线应用等方面，建立智能网络新体系。内生智能的新型空口打破现有无线空口模块化的设计框架，深度融合人工智能和机器学习算法，实现无线环境、资源、干扰、业务和用户等多维特性的深度挖掘和利用，显著提升无线网络的高效性、可靠性、实时性和安全性，并实现网络的自主运行和自我演进。

内生智能的新型空口技术可以通过端到端续写来增强数据平面和控制信令的连通性、可靠性，提升效率，允许针对特定场景在深度感知和预测的基础上进行定制，且空口技术的组成模块可以灵活地进行拼接，以满足各种应用场景的不同要求。根据流量和用户行为，内生智能的新型空口通过学习、预测和决策，主动调整无线传输格式和调度空口资源，优化收发两端的功耗，最大化传输能效。

利用大数据和深度神经网络的黑盒建模能力，内生智能的新型空口可以从无线数据中挖掘并重构未知的物理信道，从而设计最优的传输方式。在多用户系统中，通过强化学习，基站与用户可以自动根据所接收到的信号协调信道接入和资源调度等。每个节点根据每次传输的反馈，调整其发射功率和波束方向，达到协同消除干扰、最大化系统容量的目的。

9.3.2　智能高效系统

5G 和人工智能技术深度融合使得 5G 连接更智能。人工智能技术可以有效地从空口数据中提取关键信息，建立网络和设备认知能力，提高性能指标、无线资源使用效率和能源使用率。5G 智能无线网络还可以灵活地整合频谱资源，支持各种终端和服务。人工智能可以实现更高效地运营与维护，降低成本。

（1）QoE 管理。

5G NR 设计用于支持各种场景和服务，运营商有强烈的需求来优化他们的服务网络，以便为每个用户提供更好的用户体验服务。端到端体验质量（Quality of Experience，QoE）是一个重要的方法，用来评价网络质量、评估用户体验标准，进一步提高用户服务感知质量。不同类型的服务具有不同的 QoE 要求。QoE 参数可以定义为特定于 UE 和服务相关的 NR 网络端到端资源管理，并可根据 QoE 要求进行调整。在 3GPP R17 研究课题中，"NR QoE 管理"和"针对不同服务的优化"主要用于评估 5G 演进网络中的用户体验。

（2）覆盖增强。

为确保良好的网络覆盖，3GPP R17 提出针对 PUSCH、PUCCH 和 MSG3 上行链路增强解决方案，包括 PUSCH 重复增强、子 PRB 传输和 UE 发射波形增强等上行覆盖增强。

对于毫米波室内场景，3GPP 在标准演进中定义了多个替代解决方案。一方面，使用直接空口增强以增加覆盖范围；另一方面，基于 IAB 扩大小区覆盖范围。

（3）节能。

能源效率是 5G NR 系统设计的重要考虑因素之一。3GPP R16 和 R17 标准化的重点聚焦在 UE 节能方面，并关注网络节能的潜在方向。通过研究基站的能耗模型、评估方法，在不影响网络和终端性能的前提下，通过时域、频域、空域及功率域更有效地传输自适应技术，降低网络的非必要能耗，节约运营商的成本开销，实现网络绿色运营的目标。在终端节能方面，面向周期不规律的小数据包传输场景，降低信令开销、终端能耗和系统时延。利用超低功耗的辅助模块安排空口基带的工作和休眠时间，进一步降低终端能耗，提高电池使用时间。在网络资源和维护方面，通过部署节能平台，基于无线大数据的先进人工智能算法实现通过不同网络协同节能。

（4）多层网络双连接。

多层网络立体部署将是未来网络架构新形态。5G 频谱和 4G 频谱重构聚合加速了融合进程。为了提高网络容量并降低运营成本，多无线接入技术（RAT）双连接性技术需要进一步增强，从而提供更灵活、更有效、更统一的服务网络控制和资源管理。在多频多连接网络场景中，需要进一步优化服务小区、小区组的变更或激活机制，降低跨层移动带来的时延、信令开销、中断时间和吞吐量波动。

9.3.3　5G 增强型无线空口技术

1. 无线空口物理层基础技术

未来应用场景更加多样化，性能指标更为多元化，为满足相应场景对吞吐量、时延、性能的需求，需要对空口物理层基础技术进行针对性设计。在调制编码技术方面，需要形成统一的编译码架构，并兼顾多元化通信场景需求。在新波形技术方面，需要采用不同的波形方案设计来满足未来更加复杂多变的应用场景和性能需求。例如，对高速移动场景可以采用能够更加精确刻画时延、多普勒等维度信息的变换域波形，对于高吞吐量场景，可以采用超奈奎斯特（FTN）采样等实现更高的频谱效率。在多址接入技术方面，针对未来网络密集场景中低成本、高可靠性和低时延的接入需求，非正交多址接入技术将成为研究热点，并将会从信号结构和接入流程等方面进行改进和优化。

2. 超大规模 MIMO 技术

超大规模 MIMO 技术是大规模 MIMO 技术的进一步演进升级。天线和芯片集成度的不断提升将推动天线阵列规模的持续增大，通过应用新材料，超大规模 MIMO 技术在更加多样的频率范围内实现更高的频谱效率、更广更灵活的网络覆盖、更高的定位精度和更高的能量效率。

首先，超大规模 MIMO 具备在三维空间内进行波束调整的能力，除地面覆盖外，还可以提供非地面覆盖，如覆盖无人机、民航客机甚至低轨道卫星等。随着新材料、新技术的发展及天线形态、布局方式的演进，超大规模 MIMO 将与环境更好地融合，实现网络覆盖、多用户容量等指标的大幅度提高。

其次，超大规模 MIMO 阵列具有极高的空间分辨能力，可以在复杂的无线通信环境中实现精准三维定位；超大规模 MIMO 的超高处理增益可有效补偿高频段路径损耗大的劣势，能够在不增加发射功率的前提下提升高频段的通信距离和覆盖范围；引入人工智能的超大规模 MIMO 技术也有助于在信道探测、波束管理、用户检测等多个环节实现智能化。

最后，分布式超大规模 MIMO 将传统的集中部署方式拓展至分布式部署，在多个分布式节点之间引入智能协作，实现资源的联合调度和数据的联合发送，如图 9.2 所示。通过分布式部署和智能协作，一方面可以有效消除干扰，增强信号接收质量；另一方面可以有效增强覆盖，为用户带来无边界性能体验。业界已从理论上论证了分布式 MIMO 在提升信道容量方面的优势。在天线总数、发射总功率及覆盖范围相同条件下，分布式 MIMO 系统中由于始终存在更接近用户的分布式节点，同时利用调度和赋形的智能协作，其性能较之集中式 MIMO 更为均匀，特别是对于边缘用户性能增益而言更为显著。

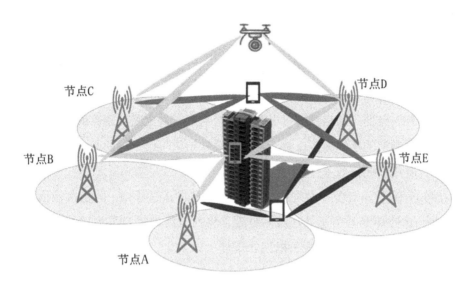

图 9.2　分布式超大规模 MIMO 示意图

但是目前超大规模 MIMO 所面临的挑战主要包括成本高、信道测量与建模难度大、信号处理运算量大、参考信号开销大和前传容量压力大等问题。另外，低功耗、低成本、高集成度天线阵列及射频芯片是超大规模 MIMO 技术实现商业化应用的关键。随着分布式超大规模 MIMO 天线规模增大，节点数显著增多，节点间信息交互能力、联合协作节点选择和赋形方案设计、算法复杂度、干扰处理方法等也迎来新挑战；另外，相干联合传输对节点之间收发通道的一致性也提出了更高要求，需要进一步研究空口校准方案。

3. 带内全双工

带内全双工在相同的载波频率上，同时发射、同时接收电磁波信号，与传统 FDD、TDD 等双工方式相比，带内全双工不仅可以有效提升系统频谱效率，还可以实现传输资源更加灵活地配置。带内全双工技术的核心难点是自干扰抑制。从技术产业成熟度来看，小功率、小规模天线单站全双工已经具备实用化的基础，中继、回传场景的全双工设备已有部分应用，但全双工组网中的站间干扰抑制、大规模天线自干扰抑制技术有待突破。

4. 感知—通信—计算一体化

感知—通信—计算一体化是 5G Advanced 乃至 6G 潜在关键技术的研究热点之一，设计理念就是让无线通信和无线感知两个独立的功能在同一系统中实现且互惠互利。一方面，通信系统可以利用相同的频谱甚至复用硬件或信号处理模块来完成不同类型的感知服务；另一方面，感知结果可用于辅助通信接入或管理，提高服务质量和通信效率。

感知—通信—计算一体化的定义是在信息传递过程中，同步执行信息采集与信息计算的端到端信息处理技术框架，将打破终端信息采集、网络信息传递和云边计算的烟囱式信息服务框架，是提供无人化、浸入式和数字孪生等感知通信计算高度耦合业务的技术需求。感知—通信—计算一体化具体分为功能协同和功能融合两个层次。在功能协同框架中，感知信息可以增强通信能力，通信可以扩展感知维度和深度，计算可以进行多维数据融合和大数据分析，"感知"可以增强计算模型与算法性能，"通信"可以带来泛在计算，"计算"可以实现超大规模通信。

在功能融合框架中，感知信号和通信信号可以一体化波形设计与检测，共享一套硬件设备。目前雷达通信一体化技术已成为热点，将太赫兹探测能力与通信能力融合，以及将可见光成像与通信融合已成为 6G 潜在的技术趋势。感知—通信—计算一体化应用场景示意图如图 9.3 所示，感知与计算融合成算力感知网络，计算与网络融合实现网络端到端可定义和微服务架构。未来，感知通信计算可以在软件定义芯片技术发展的基础上，实现功能可重构。

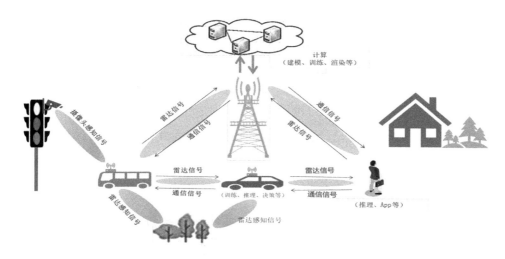

图 9.3　感知—通信—计算一体化应用场景示意图

感知—通信—计算一体化应用场景包括无人化业务、浸入式业务和数字孪生业务。在无人化业务领域，提供智能体交互能力和协同机器学习能力。在浸入式业务领域，提供交互式 XR 的感知和渲染能力，全息通信的感知、建模和显示能力，在数字孪生业务领域提供物理世界的感知、建模、推理和控制能力。在个人体域网领域，提供人员健康指标监控、人体参数感知与干预能力。

目前，通信—感知—计算一体化设计还有很多技术挑战，主要包括通信与感知一体化信号波形设计、信号机数据处理算法、定位和感知联合设计，以及感知辅助通信等。另外，可集成的便携式通感一体终端设计也是重要的研究方向。

5. 全频谱通信

频谱资源是移动通信发展的基础。未来移动通信系统的设计一方面持续重耕已有的优质频谱资源，另一方面将深度扩展毫米波、太赫兹、可见光等更高频段。通过针对高、中、低全频段资源的综合高效利用来满足未来不同层次的业务发展需求。

6GHz 以下新频谱仍然是 5G-Advanced 发展的战略性资源。通过重耕、聚合、共享等手段，进一步提升频谱使用效率，将为 5G-Advanced 提供最基本的地面连续覆盖，支持 5G-Advanced 实现快速、低成本网络部署。随着产业的不断发展和成熟，毫米波频段在未来将发挥更大作用，其性能和使用效率将大幅度提升，太赫兹、可见光等更高频段受限于传播特性，适用于在短距离内提供更高容量和超高体验速率的需求。

可见光通常指频段为 430～790THz（波长为 380～750nm）的电磁波，中间可供利用的有约 400THz 候选频谱。太赫兹指的是频段为 0.1～10THz（波长为 30～3000μm）的电磁波，中间可供利用的有约 10THz 候选频谱，两者都具有大带宽资源的特点，易于实现超高速率通信，是发展未来移动通信系统的蓝海领域。高频段资源分布如图 9.4 所示。

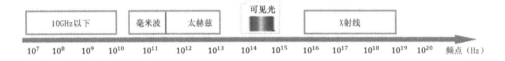

图 9.4   高频段资源分布

从整个 6G 移动通信网络的部署来看，需要综合考虑成本、需求和业务体验，分场景地有效使用所有可用的频率资源。6GHz 以下的频段仍将发挥重要的作用，主要提供广域覆盖，毫米波将会发挥更重要的作用，太赫兹和可见光频段将会在局域和短距离场景提供更大的容量和更高的速率。可见光和太赫兹的空间传输损耗较大，因此在地面通信中它们不适用于远距离传输，而适用于在局域和短距离场景提供更大的容量和更高的速率。可利用可见光通信低功耗、低成本、易部署等特点，将其与照明功能结合，采用超密集部署实现更广泛的覆盖。太赫兹通信由于波长短，天线振子间距小，发送功率低，因此更适合与超大规模天线结合使用，形成宽度更窄，方向性更好的太赫兹波束，有效抑制干扰，提高覆盖距离。

因此，将可见光与太赫兹通信引入移动通信网络后，需要考虑 6GHz 以下、毫米波、太赫兹、可见光等全部频段的深度融合组网，实现各个频段的动态互补，从而优化全网整体服务质量，降低网络能耗。

6. 智能超表面

智能超表面（Reconfigurable Intelligent Surface，RIS）通过表面的结构单元对

电磁波进行控制，通过对每个结构单元的参数、位置进行调整，实现对任意电磁波反射、折射幅度和相位分布的调整。RIS 在解决非视距传输、减小覆盖空洞等传统无线通信痛点问题方面具有明显技术优势。

RIS 辅助下的无线通信系统示意图如图 9.5 所示，基站对 RIS 进行控制，RIS 基于控制对自身结构单元的幅度和相位进行调整，从而控制对基站发射信号的反射。与传统中继通信相比，RIS 可以工作在全双工模式下，具有更高的频谱利用率。RIS 无须射频链路，不需要大规模供电，在功耗和部署成本上都具有优势。

图 9.5　RIS 辅助下的无线通信系统示意图

RIS 在无线移动通信中的实际应用效果将依赖于超材料研究的成熟度和数字控制超材料的精度和效率。同时，RIS 无源特性导致的超表面信道估计困难问题、基站和 RIS 可实用联合预编码方案，以及 RIS 网络架构与控制方案都有待更深入地研究。

7. 空天地一体化

未来网络在大幅提高用户体验速率的同时，还要满足飞机、轮船等机载、船载互联网的网络服务需求，保障高速移动的地面车辆、高铁等终端的服务连续性，支持即时抢险救灾、环境监测、森林防火、无人区巡检、远洋集装箱信息追踪等海量物联网设备部署，实现人口稀少区域低成本覆盖等需求。5G-Advanced 未来网络架构形式是将网络覆盖范围拓展到太空、深山、深海、陆地等自然空间，形成立体覆盖网络，因此需要构建空天地一体化网络，实现通信网络全球、全域的三维立体"泛在覆盖"。

空天地一体化网络主要包括由不同轨道卫星构成的天基、由各种空中飞行器构成的空基，以及由卫星地面站和传统地面网络构成的地基三部分，具有覆盖范围广、可灵活部署、超低功耗、超高精度和不易受地面灾害影响等特点。如图 9.6 所示。

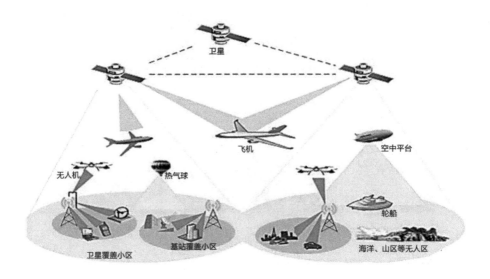

图 9.6 空天地一体化网络

空天地一体化网络将卫星通信网络作为地面通信网络的重要补充和延伸，并将两者深度融合，显著提高用户空口接入能力和立体覆盖能力。通过空天地一体化网络的星地资源协作调度及星地无缝漫游，可为用户提供无感知的一致性服务，确保网络韧性和资源绿色集约。

8. 基于数字孪生的网络自治体系

数字孪生技术是指通过数字化手段将物理世界实体在数字世界建立一个虚拟实体，借此实现对物理世界实体的动态观察、分析、 仿真、控制与优化。数字孪生网络技术包括功能建模、网元建模、网络建模、网络仿真、参数与性能模型、自动化测试、数据采集、大数据处理、数据分析、人工智能机器学习、故障预测、拓扑与路由寻优等。如图 9.7 所示，数字孪生可以把物理世界网络每一个阶段遇到的难题转换到孪生世界来解决，通过监控、预测、优化、仿真，实现网络的自治能力。

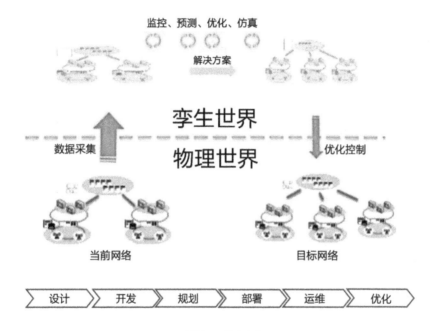

图 9.7　数字孪生

　　基于数字孪生技术和人工智能技术，5G-Advanced 网络将是具备自优化、自演进和自生长能力的自治网络。自优化网络可对未来网络状态的走势进行提前预测，对可能发生的性能劣化进行提前干预，数字域持续地对物理网络的最优状态进行寻优和仿真验证，并提前下发对应的运维操作，自动对物理网络进行校正；自演进网络基于人工智能对网络功能的演化路径进行分析和决策，包括既有网络功能的优化增强和新功能的设计、实现、验证和实施；自生长网络对不同业务需求进行识别和预测，自动编排和部署各域网络功能，生成满足业务需求的端到端服务流程。针对容量欠缺的站点进行自动扩容，针对弱覆盖或无覆盖的区域进行自动规划、硬件自启动、软件自加载。

9.4 本章小结

5G 成功商用为 5G-Advanced 打下基础。5G 应用场景首次由移动互联网领域拓展到物联网领域，实现与垂直行业深度融合，开启工业互联网新时代。在信息消费极大增长和生产效率不断提升的需求驱动下，在先进的感知技术、人工智能、通信技术，以及新材料和新器件的使能下，衍生出更高层次的移动通信新需求，推动 5G 向未来演进和发展。

5G-Advanced 是面向 2025 年及以后的 R18、R19 技术演进框架，用以支撑 5G 可持续发展的未来。通过全面演进和增强，5G-Advanced 为 2025 年后的发展定义新目标和新能力，大幅度提升 eMBB 性能，普及 XR 等沉浸式新业务，满足行业大规模数字化、实现万物智联等多个目标，使 5G 产生更大的社会和经济价值。

第 10 章

5G-Advanced 网络
架构和技术演进

随着 5G 网络建设的不断深入，我们不难发现，除了性能指标大幅提升之外，5G 移动通信网络的架构也在发生惊人的变化。3GPP 已确定 5G-Advanced 技术演进路标，为下一个五年的 5G 网络发展规划出新蓝图。5G-Advanced 作为从 5G 向 6G 持续演进过程中的重要一环，将全面完善 5G 对 2B 和 2C 业务的支持能力。当前，业界针对 6G 的研发（愿景）才刚刚开始，还处在讨论需求、目标和潜在使能技术阶段。5G-Advanced 网络架构和技术演进将是未来两年 5G 增强升级的目标。

10.1 5G 演进的驱动力

5G-Advanced 是 5G 技术演进的必然。每一代无线技术的迭代演进都需要大概十年时间，其中从标准制定到商用需要五年，而每一代无线通信技术标准在演进过程中都需要根据行业需求不断完善。5G 网络能力也需要持续增强，推动移动通信网络朝着网络智能化、云网深度融合、算网一体化、网络安全可信的趋势发展。

（1）网络智能化。网络将在深度感知业务的基础上，通过数据收集、训练和推理，自动形成业务优化策略，提升网络服务质量。在网络管理层面，端到端智能闭环、网络自主进化是未来的发展方向。意图驱动网络技术逐渐成熟，网络不仅可以按需定制，还可以根据需要进行自主动态规划、网络设计、自动配置网络参数，最终实现自主进化，在这个过程中，人工智能将发挥重要的作用。

（2）云网深度融合、算网一体化。"云"为"网"提供基础设施，"网"为"云"提供信息交互，二者密不可分，深度融合。在云网融合和智能化发展趋势下，算力需求激增，需要通过泛在算力网络满足网络和业务的需求。

（3）网络安全可信。随着移动网络参与方数量的增多和传输数据量的激增，任何风险都将会被放大，因此网络的安全可信至关重要，区块链技术将在建立可信环境中发挥作用。

10.2　5G-Advanced 网络架构演进

1. 移动通信网络架构发展路线

自 20 世纪 80 年代第一代蜂窝移动通信系统规模应用以来，全球便进入了每十年发展一代的移动通信网络发展历程。社会发展带来了人们对新应用的期待、信息通信技术的发展也不断推动着移动网络的发展和网络架构的演进。

第一代移动通信为用户提供模拟语音业务，而 2G/3G 网络引入了数字语音服务，同时支持短信及低速上网业务。在架构上，2G/3G 核心网在电路域之外引入了分组域，以支持中低速上网业务。4G 核心网支持 3GPP 和非 3GPP 无线系统的统一接入，使得 3G 两大阵营统一演进到 3GPP 的 4G 网络框架。

5G 网络借鉴了信息技术（Information Technology, IT），架构发生了较大变化。首先，控制与转发进一步分离，以支持边缘计算；其次，网元支持虚拟化，可软硬分离、灵活编排，从而支持网络切片；此外，引入服务化架构，采用基于 HTTP 的服务化接口；最后，还引入网络数据分析功能（Network Data Analytics Function, NWDAF），基于智能数据分析协助优化服务。从移动网络演进过程可以看到，除了业务需求的驱动，交叉领域技术的进步也是推动网络发展的强大动力，从 1G 到 5G 的演进过程，也是从通信技术（Communications Technology, CT）向信息与通信技术（Information and Communications Technology，ICT）和数据、信息与通信技术（Data and Information and Communications Technology，DICT）融合的演进过程。

2. 5G-Advanced 网络架构

当前，全球的 5G 产业仍然处于网络建设早期，业界普遍认为未来 6G 技术将在 2030 年才能被应用。因此，无论从业务场景、网络技术，还是产业进程、部署节奏等方面而言，未来 3～5 年仍将是 5G 发展的关键时期。3GPP 确定以 5G-Advanced 作为 5G 网络演进阶段，产业链各方将从 R18 开始逐步为 5G-Advanced 完善框架和充实内容。

在端到端 5G-Advanced 网络演进历程中，核心网的演进扮演着举足轻重的角色。5G-Advanced 演进在技术上呈现出 ICT 技术、工业现场网技术，数据技术等全面融合趋势。4G 之后的通信网络充分引入 IT 技术，普遍采用电信云作为基础设施。在电信云落地实施过程中，NFV、容器技术、SDN、基于 API 的系统能力开放等新技术、新功能陆续得到实际商用验证。

网络边缘是未来业务发展的中心。5G-Advanced 演进需要综合云原生与边缘原生的特点，通过网络架构融合实现两者平衡，最终走向云网融合、云网一体的长期演进方向。对于 CT 技术本身，5G-Advanced 需要进一步发挥网络融合能力，包括对不同代际、NSA/SA 等不同模式的融合，以及对个人消费者、家庭接入与行业网络的融合。随着卫星网络的部署，5G-Advanced 核心网也逐渐演进到空天地一体化的全融合网络架构。

在网络特征与网络功能层面，未来用户对网络有着越来越复杂多样的需求，5G-Advanced 需要具备智慧网络（AI）、云网深度融合等特征，其网络架构如图 10.1 所示。

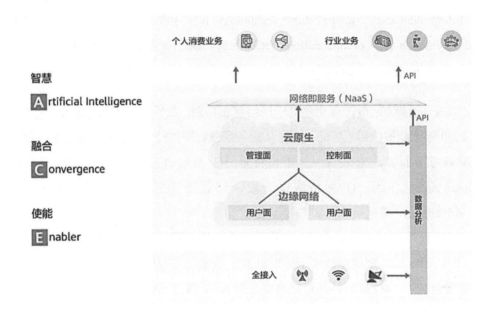

图 10.1   5G-Advanced 网络架构

（1）智慧：随着 5G 网络在行业网络中的应用发展，网络规模日益扩大，业务场景日益丰富，网络功能和管理变得愈加复杂。传统网络需要大量手动配置和诊断，带来较高的管理开销，因此需要引入智能化来协助提升从网络功能到网管协作各个层面的服务能力和服务质量。

（2）融合：多种接入方式融合、多张网络融合是 5G-Advanced 网络演进的大趋势。在 5G 应用于行业之前，各个行业经过漫长的应用与演进，形成了彼此独立的网络，出现了多样化终端、接入方式和传输方式。网络的通用性极差，导致了新功能迭代时间长、设备价格高昂、技术发展缓慢等问题。空天地一体化、工业互联网等多行业协议融合的下一代网络成为新趋势。

（3）使能：随着 5G 网络在行业中的应用，网络能力持续丰富和提升，并逐渐由基础设施向业务使能者的角色演变。网络确定性、定制化、面向行业需求的自演进等新能力的引入，将助力 5G-Advanced 更好为行业用户提供按需定制的网络，真正实现网络即服务。

3. 5G-Advanced 网络架构演进的需求和方向

为了满足个人消费者体验升级和行业数智化转型的需求，5G-Advanced 网络需求从架构层面和技术层面持续演进，以满足多样化业务诉求，提升网络能力。在架构层面，5G-Advanced 网络需求需要充分考虑云原生、边缘网络、网络即服务理念，持续增强网络能力并最终走向云网融合、算网一体。

（1）云原生：在电信云 NFV 基础上的进一步云化增强，以便更快实现 5G 网络的灵活部署和功能的灵活开发与测试。

（2）边缘网络：分布式网络架构与边缘业务相结合的高效部署状态。

（3）网络即服务：灵活的 5G 网络架构可以适配垂直行业需求的各种定制化方案，其具体实现形态可以是 5G 网络切片，也可以是独立部署的网络。5G 核心网的服务化架构（SBA）设计深入网络逻辑内部，有助于运营商全面掌控网络，贴合网络即服务的 5G 网络发展目标。运营商以 SBA 为网络基础，以网络切片为服务框架、以网络平台为核心、以关键功能 API 为抓手，构建敏捷可定制的 5G 网络能力，帮助用户深度参与到网络服务的定义和设计中，提供差异化的业务体验及更高的业务效率，使得连接与计算共同成为 5G 服务行业发展的强大助推器。

总之，5G-Advanced 移动网络将继续沿着 SBA 方向演进，满足用户和网络运营商对网络定制化服务、安全可信、网络泛在高速等方面的需求。每一代移动通信网络架构都尽量吸收当时的先进技术要素，保持移动通信技术的先进性。

10.3　5G-Advanced 网络技术演进

10.3.1　网络智能化

随着 5G 的演进，网络结构变得越发复杂，网络运维的复杂性也相应增加，要求网络朝着高度智能化、高度自动化的自主网络方向发展。一方面，网络需要根据自身和环境的变化，自动调整以适应快速变化的需求；另一方面，网络需要根据业务和运维要求，自动完成网络更新和管理。为了满足这些需求，人工智能（AI）可为 5G-Advanced 网络智能化发展提供参考。

（1）机器学习作为网络智能的基础技术，广泛分布于 5G 网络中各节点及网络控制管理系统。基于 5G 系统生成的丰富的用户和网络数据，结合移动通信领域的专业知识，构建灵活多样的学习框架，从而形成一个应用广泛、分布与集中相结合的网络智能化处理体系。

（2）数字孪生对网络进行更好的检测和控制，包括对网络状态、流量等进行更好的预测，在虚拟孪生环境中对网络变更提前进行仿真评估，提升网络数智化管理水平。

（3）以认知技术为基础，将移动通信领域的专业知识内置到算法，充分利用 5G 网络生成的数据，增强网络运营智能化程度，实现复杂的业务目标。

（4）意图驱动网络使得运营商能够定义期望的网络目标，系统可以自动将其转化为实时网络行为，通过意图维持对网络进行持续监控和调整，从而保证网络行为同业务意图保持一致。

5G 网络智能化主要体现在两个层面，即网络层面和管理层面，在 3GPP 标准中分别由 SA2 和 SA5 开展研究。SA2 从网络架构的角度研究网络智能化，并引入网络数据分析功能（NWDAF），SA5 开展了基于意图驱动的网络管理服务研究。

基于 NWDAF 的 5G 智能网络架构如图 10.2 所示，NWDAF 是 3GPP SA2 在 5G 网络架构中引入的标准网元，以 AI+大数据为引擎，具备能力标准化、汇聚网络数据、实时性更高、支持闭环可控等特点。3GPP 不但定义了 NWDAF 在网络中的位置以及 NWDAF 和其他功能的交互协同，也定义了 NWDAF 部署的灵活性，NWDAF 可以通过功能嵌入的方式部署在特定的网络功能单元，也可以跨网络功能单元协同，完成网络智能的闭环操作。NWDAF 是 3GPP SA5 正在研究的服务能力，用来使能网络服务管理与编排的自动化。NWDAF 与 AI 机器学习技术相结合，为网络服务管理提供数据处理和分析功能，挖掘网络服务管理领域数据的潜在价值，输出分析报告及相应的网管操作建议，实现闭环管理。NWDAF 可分层部署，灵活构建分布式智能网络体系，应对不同需求。

图 10.2　基于 NWDAF 的 5G 智能网络架构

SA5 开展了针对意图驱动网络的研究，旨在使网络的管理和运维更加智能化。其中，AI 将发挥重要作用，包括意图转译和验证、自动化实施、状态监控和保障、自动化优化和补救等。在意图驱动的过程中，首先需要将业务策略转换为必要的网络配置，接着通过网络自动化配置或网络编排实现资源配置和管理控制策略，最后基于网络状态感知持续验证初始业务意图是否实现，并且可以在所需意图无法实现时采取纠正措施。以网络切片为例，在意图驱动的网络管理模式下，网络切片的全生命周期管理将更加智能，可以实现意图驱动的网络切片实例（Network Slice Instance，NSI）资源容量规划、意图驱动的 NSI 使用优化、意图驱动的 NSI 性能保障等。

通过上述标准技术的演进分析可见，AI 及大数据分析的理念正在渗透到移动网络架构设计中，AI 及机器学习等关键技术正在与移动网络业务场景结合，将影响 5G-Advanced 甚至 6G 的网络架构的标准制定工作。

10.3.2　行业网络融合

5G 与行业网络融合将会成为 5G-Advanced 网络面向垂直行业客户的一个重点场景。5G 网络在行业网络中,凭借无线化、可移动等优势,带来更多的业务价值。从组网角度,不仅能大幅度降低有线组网的复杂度和人力成本,还能帮助行业客户实现一网到底的理想。在工业制造领域的现场与车间组网中,5G 可以在垂直层面简化多层次的有线网络层实现网络扁平化;基于 5G 确定性能力的差异化保障,5G 可以实现现场网络的 IT 网络与 OT 网络合一。行业专网的特点在于为第三方客户在自身的运营管理范围内提供灵活按需的定制化网络。5G 行业专网可将企业自身的网络体系与 5G 网络融合,构建统一管理、无缝切换的融合行业网络。

10.3.3　家庭网络融合

家庭网络将成为 5G-Advanced 网络覆盖的重点场景。家庭网络有其自身特点:设备移动范围小;接入终端数量较多,接入设备类型较多;对网络可靠性要求不高,但对协议转化要求较高;对带宽需求明显;可能存在较多近距离通信需求。

高数据速率服务,如交互式应用,未来可能在更高的频段承载以获取更多的带宽资源,高频段如何为室内提供网络覆盖正在成为网络发展的挑战。面向未来家庭智慧物联,入网的终端多种多样,采集到的数据也呈现多样化特点,如何实现同步传输是技术难点。结合 AI 算法,更加精确地判断人员行为、预测设备状态,进行智慧监控,将成为下一阶段家庭网络技术研究的重点。

10.3.4　空天地一体化网络融合

5G-Advanced 将集成地面移动通信网络和卫星通信网络。借助智能移动性管理技术,5G-Advanced 可以在"陆海空天地"等多种复杂场景中提供高速互联服务,实现全球覆盖、按需服务、随遇接入、安全可信的网络通信能力。

　　5G 网络不仅提供更高速的数据传输服务,还将提供无处不在的移动网络接入。在偏远地区,5G 网络建设和运维成本太高,无法通过地面 5G 基站实现偏远地区良好的网络覆盖。随着航空航天技术发展, 宽带卫星通信以地面蜂窝网络难以比拟的成本优势实现广域甚至全球覆盖。5G 网络应充分融合卫星通信,取长补短,共同构成无缝覆盖、空天地一体化的综合移动通信网络,满足用户无所不在的各种业务需求。目前 5G 网络支持卫星基站采用 5G NR 接口,允许终端通过卫星基站接入统一 5G 核心网,支持卫星工作在透明转发模式,但在语音业务、传输速率等方面存在一定局限性。

　　5G-Advanced 网络结构呈现分布式异构特点, 需要通过共存的异构网络设施实现全球连接,包括卫星接入。图 10.3 描述了未来无缝覆盖的卫星与地面网络融合的场景(图中展示了 LEO 卫星网络与地面网络融合场景)。非地面网络系统包括不同轨道的卫星、高空平台、无人机和气球等, 长期以来非地面网络和地面网络相对独立发展。5G-Advanced 正在促使 5G 系统支持卫星接入,并实现 5G 接入与卫星接入之间的服务连续性。5G 兼容卫星通信,5G-Advanced 将实现真正融合,以非地面网络和地面网络融合组网为基本特征的三维连接技术,将成为未来网络架构的关键使能技术。

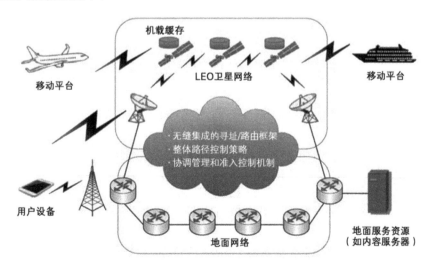

图 10.3　未来无缝覆盖的卫星与地面网络融合场景

5G-Advanced 异构网络结构的另一个特点是固定与移动融合（Fixed Mobile Convergence，FMC）。FMC 概念很早就被提出，但 4G FMC 主要聚焦移动终端如何通过固定网络接入 4G 核心网，是交互而非真正的融合。在 4G 基础上，3GPP 在 5G R16 阶段引入两个特性：一个是不同类型的有线网络通过适配转换后接入融合的 5G 核心网；另一个是使终端可以同时接入 WiFi 和 5G，根据接入网络情况和业务需求为业务流灵活选择不同接入网络。长期以来固网和移动网由不同的标准组织设计并使用互不相同的协议栈，融合多个网络是 5G 后续演进富有挑战性的研究方向之一。现有网络的固网和移动网分立导致维护成本高，为了适应未来新的数字基础设施要求，现阶段需要重新思考固移融合方案。

10.3.5　算力网络

为了满足未来网络新型业务及计算轻量化、动态化的需求，网络和计算的融合已经成为新的发展趋势。业界提出算力感知网络（简称算力网络）的理念，将"云边端"多样的算力通过网络化的方式连接与协同，实现计算与网络的深度融合及协同感知，达到算力服务的按需调度和高效共享。随着网络发展从信息交换逐步向信息数据处理转变，并且数据已经上升到国家战略资源，算力将成为信息技术发展的核心生产力。数据、算力与算法是数据挖掘的三大支柱，其中算力指的是计算能力或数据处理能力。伴随千行百业数智化转型，各行各业对 CPU、GPU、FPGA 等各种算力的需求大增，算力是新基建的核心。

1. 算力网络系统架构

如图 10.4 所示，中国移动算力网络体系架构从逻辑功能上可分为算网基础设施层、编排管理层和运营服务层。

（1）算网基础设施层。

算力网络的坚实底座，以高效能、集约化、绿色安全的新型一体化基础设施为基础，形成云边端多层次、立体泛在的分布式算力体系，满足中心级、边缘级和现场级的算力需求。

（2）编排管理层。

算力网络的调度中枢，智慧内生的算网大脑是编排管理层的核心。

（3）运营服务层。

运营服务层是算力网络的服务和能力提供平台，通过将算网原子化能力封装并融合多种要素，实现算网产品的一体化服务供给，使得客户享受便捷的一站式服务和智能无感的体验。与此同时，通过吸纳社会多方算力，打造算网服务交易平台，提供算力电商等新模式，打造新型网络服务和业务能力体系。

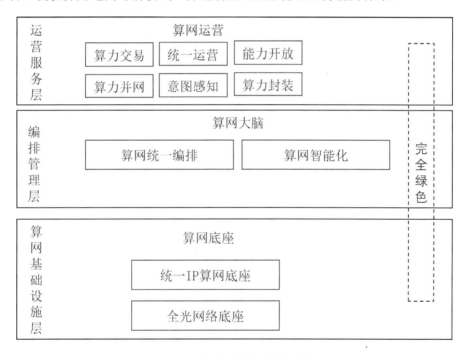

图 10.4　中国移动算力网络体系架构

2. 算力网络关键技术

算力网络的发展分为三个阶段，即起步阶段（泛在协同）、发展阶段（融合统一）和跨越阶段（一体内生）。泛在协同阶段的核心理念是"协同"，具有网随算动、协同编排、协同运营和一站服务等特征；融合统一阶段的核心理念是"融合"，具有算网融合、智能编排、统一运营和融合服务等特征；一体内生阶段的核心理念是"一体",具有算网一体、智慧内生、创新运营和一体服务等特征。

(1) 技术图谱。

算力网络的发展需要技术创新的坚实支撑,包括现有技术的加速创新、交叉技术的跨界创新,以及原创技术的引领创新。算力网络为技术创新提出了需求和应用想象空间。技术创新迎来发展机遇,也面临重大挑战,需要围绕算网基础设施层、编排管理层和运营服务层来构建算力网络技术图谱(如图 10.5 所示)。通过关键技术攻关、试验试点验证和商用落地实践加速算力网络技术成熟。

图 10.5　算力网络技术图谱

(2) 算网一体关键技术。

通过算力度量、算力标识、算力感知、算力路由、在网计算等技术实现算力和网络在协议和形态上的深度融合、一体共生。以算网一体为核心特征的算力网络也是 6G 网络的关键技术,6G 网络对内实现计算共生,对外提供计算服务。6G 中的算力网络通过实时准确的算力发现、灵活动态的服务调度、体验一致的用户服务,实现计算和网络资源的智能调度和优化利用。

算网一体彻底打破了算和网的界限,实现二者在协议及形态上的融合共生,算网形成一套体系,共同构筑一体化的新型信息基础设施,提供多层次智简无感服务。

面向算网一体的演进目标,需要从网络基础设施、智能编排管理、一体运营服务三方面展开研究,重点攻关七大核心技术,包括统一度量与协同感知技术、异构多样性算力与算力原生技术、在网计算与存算网一体技术、融合路由与算力确定性技术、智能编排与预测调度技术、算力服务与算力交易技术、可信算力与算网安全技术。

（3）编排管理关键技术。

面对高复杂度的算网环境及按需定制、灵活高效的需求特性，在编排管理层需构建一体编排、融数赋智的算网大脑。

通过引入一体编排、算力解构、泛在调度等技术，协同调度算网各域资源。与 AI、大数据等技术深度融合，探索"算网自智"、数字孪生、意图网络等新方向，不断强化算力网络自动化、智能化能力，满足客户灵活、动态、多样的业务需求，提供智能闭环的保障能力。

3. 算力网络应用场景和未来展望

算力网络将丰富和扩展算力的供给、应用和服务方式，提升算网服务的灵活性和高效性。算力网络聚焦数字化转型，面向生活、行业和社会新兴业务的已有场景升级和未来场景畅想，提供"网随算动""云网边端""算网一体""可信共享"等多种新服务方式，赋能千行百业。一是赋能生活，提供用户极致生活的新体验；二是赋能行业，打造行业数智化能力新基石；三是赋能社会，开创社会算力交易新业态；算力网络业务和应用场景不断涌现、不断创新，未来将有无限可能，需要联合产业界各方力量协同创新，共同发掘和想象。

总之，5G-Advanced 不再是单纯的数据传输网络，而是集成通信、计算、存储于一体的信息系统。算力资源的统一建模度量是算力调度的基础，算力网络中算力资源呈现泛在化、异构化特点，通过模型函数将不同类型的算力资源映射到统一的量纲维度，形成业务层可理解、可阅读的零散算力资源池，为算力网络的资源匹配调度提供基础保障。统一的管控体系是算力网络体系架构的关键，由网络侧进一步向终端侧延伸，通过网络层对应用层业务感知，建立云网边端融合一体的新型网络架构，实现算力资源的无差别交付、自动化匹配及网络智能化调度。

10.3.6　交互式通信能力增强

随着 5G 网络实现连续覆盖,智能终端大屏化和 AR、VR、XR 等新媒体终端的成熟,用户实时通信的诉求不再局限于音视频。实时通信将向高清化、交互式、沉浸式和开放性的通信方式演进。

3GPP R17 针对云游戏和 XR 等交互式业务定义了新 5QI 和 QoS 参数,在 5G-Advanced 阶段,交互式通信还需以下关键技术支撑。

(1)IMS 数据通道:通过建立与音视频通话同步的数据通道,在音视频通话中实现屏幕共享,叠加 AR,甚至是听觉、视觉、触觉、动觉、环境信息等同步的全沉浸式体验。

(2)分布式融合媒体:构建统一的融合媒体面,同时支持音视频、协作、AR/VR 等媒体,分布式部署。

(3)通话应用可编程:终端除了需要支持 IMS 数据通道,还需要支持通话应用可编程,支持 Web 引擎实时处理数据通道的业务数据,并实时在用户界面呈现,可以灵活扩展业务。

(4)全新 QoS 机制:网络侧针对多流业务进行分层编码和分层传输,并提供不同的 5QI 进行 QoS 保障;以 QoS 流为单位实施 QoS 控制(如延迟或可靠性等);引入新的 QoS 参数(如新的等待时间要求、可靠性和带宽等)以支持触觉数据或传感数据传输。

(5)增强多媒体通信数据流协同:触感通信可支持多维数据采集,从而用于全面表征业务特征。需要实现多业务流间的传输协同和统一调度,保障数据包同步到达处理服务器或终端。

(6)增强的网络能力开放机制:针对 AR/VR 等强交互性业务场景,5G 系统可通过开放更多实时信息来支持更好的用户体验和更高效网络资源利用。

10.3.7　网络切片增强

网络切片是一种按需组网的技术。网络切片技术在统一的基础设施上隔离出多个虚拟的端到端网络,以适应各种业务需求,是 5G SA 最关键的特性之一。多个相关标准组织,如 3GPP、ITU、ETSI、CCSA 等,都针对网络切片进行了相关的标准化工作,网络切片相关的功能和技术规范已经基本成熟。

网络切片是一种网络架构,支持在相同物理网络基础设施上多路复用虚拟化且独立的逻辑网络。一个网络切片是一个逻辑上独立的端到端网络,根据 SLA 为特定的服务类型量身定制。针对用户或承载业务而言,网络切片构建了一组专用网络,每个专用网络针对一种服务进行定制,定义成 eMBB、mMTC、uRLLC 等不同切片类型,保证性能、可扩展性和安全性等提升。为了具体落地 2B 应用,网络切片还需要在智能化配置、SLA 保障、与垂直行业的结合等方面继续完善。

(1)智能化配置。目前网络切片相关的配置在标准上已经逐步完善,3GPP定义了网络切片管理(Network Slice Management Function,NSMF)以及与各个子域的网络切片选择功能(Network Slice Selection Function,NSSF)相关的参数和接口。目前针对这些参数的控制仍然以手工方式为主,如何实现自动化的闭环控制以满足 SLA 保障,以及如何提高智能化水平等问题还需要进一步研究。

(2)SLA 保障。标准已定义了切片使用者向网络管理者订购切片的流程。在切片使用者提出订购切片后,如何保证服务质量,以及如何获知网络切片的资源使用情况等,需要进一步解决。

(3)与垂直行业的结合。利用网络切片服务于垂直行业,还需要考虑到垂直行业自身的一些特点。比如行业客户对切片的自管理的需求;或者在垂直行业已有多路专网的情况下,当用户通过 5G 网络切片接入之后,需要路由回自己的专网,如何协调配置现有专网和用户接入的 5G 网络切片等,都有待于继续演进。

除此之外,网络切片还存在一些技术挑战需要在 5G-Advanced 标准设计中加以解决。

(1)切片隔离。作为最重要的特性,隔离是实现切片的主要挑战。为了保证每个切片的服务质量,需要实现不同区域的隔离,包括流量、带宽、处理和存储的隔离。网络切片面临的主要挑战集中在编排和控制多个领域的不同隔离技术,需要整体的、最终标准化的网络切片体系结构。

（2）动态切片的创建和管理。为了适应不同服务，满足不同的需求，需要高效地进行动态切片的创建和删除。这些操作可能影响正在运行的切片，必然涉及隔离和安全问题。

（3）网络切片中的资源编排管理控制需要能够随着负载变化而动态伸缩，这也可能影响正在运行的切片，同样会导致隔离和安全问题。

10.3.8　确定性通信能力增强

3GPP 自 R15 开始定义确定性通信的能力，在 R16 及后续标准中从空口、核心网、组网与集成、SLA 保障架构、uRLLC 等不同维度持续增强。3GPP R16 定义了较为完整的 5G 集成外部时间敏感网络（Time Sensitive Network，TSN）的组网模式，也称 TSN 搭桥集成模式。3GPP R17 开始定义了 5G 独立组网模式的确定性通信架构，以适应更多的组网场景。目前系统级的确定性保障网络架构仍然不够完善，难以实现 SLA、QoS 的端到端确定保障。在 5G-Advanced 中，确定性通信能力增强需要覆盖确定性网络服务的管理与部署、度量、调度与协同保障等端到端领域和流程。

（1）增强确定性网络服务的管理与部署能力：实现从行业客户业务场景关键质量指标（Key Quality Indicator，KQI）需求到网络 KPI 需求的完整转换，并将网络 KPI 需求进一步完整分解为各网络子域的 KPI 与确定性能力需求。

（2）增强确定性网络服务的度量能力：当前网络 KPI 数据基于统计周期的平均值，难以匹配高确定性应用低至毫秒级别的发包周期需求。5G-Advanced 网络需要实现时延、带宽、抖动等相关 KPI 精确度量，基于此才能进行有效调度和保障。

（3）增强确定性网络服务的调度与协同保障能力：突破 5G 单域系统的边界，提升系统级确定性传输能力，实现 SLA QoS 可预测、可承诺。

（4）根据产业需求，5G-Advanced 网络按需对 5G 支持 TSN 做进一步增强。在支持 IEEE TSN 全集中式配置模型的基础上，扩展支持其他 TSN 配置模型（分布式），提升灵活组网和创新应用部署能力，提升业务部署的动态控制和可扩展性。

（5）授时服务：目前对精准时间同步有要求的行业大多依赖于全球导航卫星

系统（Global Navigation Satellite System，GNSS），为了解决恶意攻击、电磁干扰、室内信号弱、接收机耗电等问题，5G 系统需要提供定时服务，在极端情况下作为 GNSS 系统备份，为公网和垂直行业用户持续提供精准的时间同步服务。

10.3.9　定位测距与感知增强

5G 定位可以提供对人员及车辆定位管理、物流跟踪、资产管理等场景的支持。随后续业务的发展，在网络边缘提供低时延、高精度的定位能力尤其重要。未来网络场景（如车联网）要求定位精度达到厘米级，置信度在 90% 以上。目前 5G 车辆联盟（5G Automotive Association，5GAA）已经进行相关研究并向 3GPP 提交标准提案。一方面，基于 MEC 部署定位管理功能（Location Management Function，LMF）、网关移动位置中心（Gateway Mobile Location Center，GMLC），降低定位信息传输时延。另一方面，通过增加参考 UE 来提供视距信息，以此提高定位的精度和置信度。随着 5G 网络发展，基于测距和感知的新型网络能力需求正逐渐涌现。例如，在智慧家庭、智慧交通、智慧零售以及工业 4.0 的某些场景中，获取物体间相对位置和角度，以及感知目标对象的距离、速度和形状等信息的需求逐渐显现。为了满足这些业务需求，5G-Advanced 网络应进一步增强，具备协助无线网进行测距和感知的能力。

10.3.10　区块链技术

区块链提供了在不可信环境中传递信息、交换价值、建立多方信任的技术机制，解决了数字世界的信任问题。区块链技术主要适用于参与方较多，且多方之间互不信任、利益不一致或缺乏权威的第三方介入等场景。传统运营商网络的部署和组织是在运营商可控、可信的环境中进行的，因此可信问题并不突出。在未来 5G-Advanced 网络中，共建共享和算力网络交易是代表性特征。在多方参与协作且相互不可信的场景中，随着参与方数量的增加、企业或行业不同，区块链可以发挥更加重要作用。

首先，区块链在网络共建共享方面存在应用场景。为了获得更高的吞吐能力，移动通信的一个重要发展趋势是使用更高的频段，通过占用更多的频谱资源提升吞吐能力，将导致单基站的成本和基站数量增加，建网成本进一步增大，因此多家运营商通过共建共享解决网络的覆盖问题将是未来网络发展的重要方向。目前 5G 网络主要在运营商之间实现共建共享，随着未来国家对频谱资源管理方式的变化，频谱除了被分配给运营商，还可能被分配给垂直行业企业，共建共享的参与方将更多。在这种环境下可能存在两种需求：一种是频谱的动态共享，另一种是共建共享信息的管理，包括共享设备（如基站）信息及其配置信息管理等。

（1）在实现频谱共享场景中，频谱共享的参与方可以将不同频谱资源信息以及拥有者信息上链存储，并在区块链上层部署用于动态频谱共享与结算的智能合约，规定频谱使用的规则和结算规则，实现频谱的动态共享和按照使用量获取收益的功能。

（2）在共建共享信息管理场景中，可将设备信息及设备重要配置信息上链存储，这些信息具备不可篡改性，在问题追踪、故障定位中会提供有力帮助，实现有据可查。基站或设备网管需支持将这些信息分布式存储在区块链节点中。区块链在共建共享环境下的应用如图 10.6 所示。

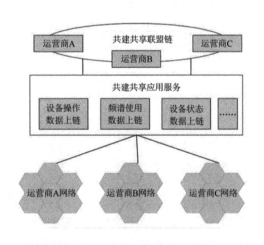

图 10.6　区块链在共建共享环境下的应用

其次，区块链在算力网络交易方面存在应用可能。6G 网络作为算力的消耗者之一，将需要更多、更灵活的算力资源，以满足网络快速部署、业务快速响应等需求。未来算力网络将由运营商中心云、运营商边缘云、第三方算力甚至个人算力提供者联合提供资源，各方的算力可以进行在线交易。在满足上层业务需求的同时，提升资源的利用率，并进行收益的合理分配，第三方甚至个人算力资源提供者，也可以获得提供算力的收益。为实现上述需求，可以将算力交易的订单信息、算力资源的使用情况、使用方、提供方等关键信息加密上链存储，并通过智能合约定义算力资源的使用条件和计费条件等，对于满足条件的交易，算力网络将为使用者选择合适的算力资源。算力网络技术与区块链技术的结合可以实现算力资源的动态调度、按需使用和收益分配等。总之，区块链技术与 6G 网络存在交叉应用场景，区块链为网络提供信任机制，6G 网络为区块链提供连接服务。

区块链技术对 6G 网络架构的潜在影响主要体现在以下方面。

（1）无线网络架构可能需要引入区块链相关逻辑功能。频谱资源交易信息和算力交易信息等关键信息上链，实现可信交易，可能对 6G 网络的网元提出功能要求，例如具备区块链接入节点的相关功能等。

（2）区块链技术可能被引入 6G 网络运营管理层面，成为业务支撑系统（Business Support System，BSS）领域和运营支撑系统（Operation Support System，OSS）领域的重要工具，其用途包括服务于多方计费结算网络排障和责任认定。

（3）结合 6G 网络研究区块链，需重点关注分布式记账、智能合约等关键技术在 6G 中的应用，包括资源交易、算力交易的技术方案、实施方案等，以提升资源的使用效率，形成资源可动态分配、使用、收益的良好生态。另外，还应研究关键数据和信息上链以及提升系统性能的方法，避免因信息上链导致的系统性能下降，需增加技术的实用性。

10.3.11　数字孪生网络

数字孪生近几年成了业界关注的热点，数字孪生就是物理世界中的实体在数字世界中得到镜像复制，人与人、人与物、物与物之间可凭借数字世界中的映射实现智能交互，通过在数字世界中对物理实体或过程进行模拟、验证、预测和控制，获得物理世界的最优状态。数字孪生对 5G-Advanced 网络架构和能力提出诸多挑战，如万亿级的设备连接能力、亚毫秒级的时延、太比特级的传输速率,以及数据隐私和安全需求等。近两年来,业界尝试将数字孪生的理念引入通信领域,形成数字孪生网络(Digital Twin Network,DTN),将网络看作数字孪生概念中的物理实体,二者可进行实时交互映射,构建一个实时、精确地反映实体网络全部细节,并能对实体网络提供反馈的数字孪生体——虚拟网络,进而实现网络的数字化、智能化。通过 DTN 可以低成本、高效地部署网络应用,同时减少对现网的影响,实现网络的极简化和智慧化。

一方面,数字孪生网络具有以下技术优势。

首先,在空天地一体化的大趋势下,6G 将面临多种异构网络混合部署的艰巨挑战,多厂商场景和安全风险带来了令人望而却步的复杂性,数字孪生技术将为全球运营商 6G 建设提供一种低成本的试错空间,譬如通过该技术提前准确预测方案的结果,避免代价高昂、不可逆转的投资错误。

其次,运营商可以依靠数字孪生技术加快产品开发,开拓新一代商业模式。利用数字孪生技术可以将 6G 新用例(如新的网络切片)的验证、测试和优化时间从几个月缩短至几分钟,这将充分适应市场需求,极大提高运营商的竞争力。

最后,数字孪生结合 AI 技术,能够为 6G 网络提供自动优化、主动保障、提前预测的能力,降低网络运维复杂度,减少网络故障发生的概率,节省网络维护和故障排除成本并改善用户体验。

另一方面,数字孪生网络也面临许多技术挑战,主要涉及海量的、结构多样的数据的实时采集、存储和高速使用,对底层承载网络带宽、时延和可靠性等方面提出了极高要求,数据的隐私和可信度问题也有待解决,需要考虑借助区块链等技术的协助。

10.4　6G 愿景和需求

随着 5G 商用部署在全球的开展,业界已经启动对 6G 愿景及关键技术的探索。作为面向 2030 年的移动通信系统,6G 将进一步融合未来垂直行业,衍生出全新业务,并通过全新架构、全新能力,打造 6G 全新生态,真正实现"智能泛在、重塑世界"的美好愿景。

10.4.1　6G 愿景

5G 已经在全球范围大规模商用。随着 5G 在垂直行业的不断渗透，人们对于 6G 的设想也逐步提上日程。面向 2030 年，6G 将在 5G-Advanced 基础上全面支持整个世界的数字化，并结合人工智能等技术的发展，实现智慧的泛在可取、全面赋能万事万物，推动社会走向虚拟与现实结合的"数字孪生"世界，实现"数字孪生，智慧泛在"的美好愿景。围绕总体愿景，6G 网络将在智享生活、智赋生产、智焕社会三个方面催生全新的应用场景，比如数字孪生、全息交互、超能交通、通感互联、智能交互等。面向未来的场景将需要太比特级的传输速率、亚毫秒级的时延体验、超过 1000km/h 的移动速度，以及安全内生、智慧内生、数字孪生等新的网络能力。为了满足新场景和新业务的更高要求，6G 空口技术和架构需要相应的变革。

10.4.2　6G 性能需求指标

5G 将不能满足 2030 年之后的未来网络需求。与 5G 相比，6G 无线通信网络具有更多维度的性能指标，如图 10.7 所示。5G 的峰值速率为 20Gbps，6G 由于使用太赫兹和光频段，峰值速率将可以达到 1～10Tbps。用户体验速率在高频段可以达到 Gbps 级别。业务流量密度可以超过 $1Gbps/m^2$。频谱效率可提高 3～5 倍，网络能量效率将比 5G 提高 100 倍以上，从而使系统在能耗不变的情况下将数据传输速率提高 100 倍，通过 AI 技术可以实现更好的网络管理和自动化。由于异构网络、多种通信场景、大量天线单元和大带宽的使用，6G 连接密度将大幅增加。为了应对卫星、无人机和高铁等高速移动场景，6G 支持的移动速度将远高于 500km/h。对于某些特定的应用场景，端到端时延预计小于 1ms。此外，还应引入其他重要的性能指标，如成本效率、安全性、覆盖范围、智能化程度等，用于全面评估 6G 无线网络性能。

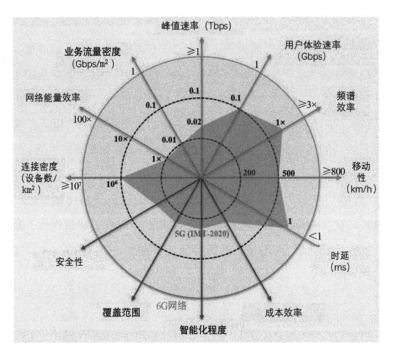

图 10.7   6G 性能需求指标

10.4.3   6G 网络架构设计的总体考虑

从第一代模拟蜂窝移动网络到当前 5G 网络的演进历程可以看出，没有一代网络架构是完全脱离上一代凭空而来的。但基于不同的业务和应用场景需求，以及技术进步的影响，每一代网络架构都与上一代有明显的不同，既有继承，也有变革。在 6G 网络架构的设计中，需要考虑以下几点因素。

（1）先进技术：6G 是现实世界和虚拟世界连接贯通的桥梁，是人类社会和自然环境和谐发展的引擎，具有比 5G 更宏大的历史使命，这要求 6G 具有远强于 5G 的能力，6G 不能在 5G 的基础上通过简单的演进而来，建议优先考虑革命性的先进技术，与 5G 形成显著的代际差异。

（2）绿色环保：绿色环保作为 6G 研发和运营的根本要求，为中国 2030 年实现"碳达峰"做出贡献。6G 应通过引入智能技术实现资源的动态调度，从而实现资源效率的最大化，资源不仅是无线空口资源，还包括网络各层次的资源，如何通过全局的智能调度和控制，使得网络整体能效最优，是 6G 需要解决的一个重要问题。

（3）全连接基础框架：全连接包含卫星接入和地面接入两大类，地面接入包括无线连接和有线连接两大类。6G 基础框架应考虑在空天地、固定与移动等各类连接并存的泛在接入场景下，实现对全连接的智能化管理，实现随时随地可用的泛在连接，并为用户提供多样化的 QoS 定制服务。

（4）新业务新场景：4G 网络以 2C 业务为主，带宽的扩展催生了一批丰富人们生活的移动互联网业务，5G 将拓展 2B 应用，为各行各业带来新的发展动力。6G 网络则需要考虑 2030 年及之后人类社会和自然世界和谐发展对网络的需求，包括提供无处不在的泛在连接，网络柔性可编程满足定制化需求。

（5）加持交叉领域技术创新：SDN 理念、NFV 技术在 4G 网络后期得到了一定程度的应用，在 5G 得到全面应用；云计算、容器、微服务、HTTP 等 IT 领域的技术也被引入 5G 网络中使得网络更加灵活；大数据和 AI 技术的引入也使得 5G 网络具备初步的智能。在对 6G 的前期研究中，提出 AI 与空口技术的融合、区块链在频谱共享中的应用等创新思路。因此未来 6G 网络将支持信息、通信和数据技术的深度融合，网络架构的设计需要充分考虑如何吸收各类新兴技术，实现云网边端融合的 6G 网络。

结合社会对 6G 网络的期待和人们的业务需求，针对 6G 潜在关键技术研究做如下展望。

首先，网络智能化并不一定依赖于 AI，但是引入 AI 后，网络智能化等级将会实现质的突破。目前 AI 技术在移动网络核心架构中的应用较少，AI 算法如何适配移动网络需求场景，如何将 AI 技术与网络架构深度融合将是一个重要的研究方向。

其次，未来 6G 网络将是一个综合"空天地"接入需求、支持固定移动融合、集中与分布式结合的异构网络。传统移动网络的基本功能，如移动性管理、接入认证、会话管理等如何在这个复杂网络中实现，如何基于复杂网络架构为上层应用提供无处不在的智能泛在连接服务，是一个亟待解决的问题。

再次，需要关注信息、通信和数据技术交叉领域技术发展对 6G 网络带来的推动作用。除了 AI 和机器学习，数字孪生、区块链、云原生、可编程网络、确定性网络等交叉领域理念和技术的发展也将影响网络架构的设计。

10.5   本章小结

本章重点介绍 5G-Advanced 的网络架构及关键技术，为 5G 网络的下一阶段演进提供支撑和参考。在网络架构方面，5G-Advanced 网络将沿着云原生、边缘网络以及网络即服务理念发展，满足网络功能快速部署、按需迭代的诉求。在网络技术方面，5G-Advanced 网络能力将沿着智慧、融合和使能三个方面持续增强。

创新是永恒发展的主旋律，也是推动世界发展的动力引擎。面向 2030 年，在 5G-Advanced 基础上产业界开始着眼于 6G 网络研发，为了满足 6G 愿景和性能需求指标，业界先后提出一系列潜在使能技术和架构设计思路。4G 改变生活，5G 改变社会，6G 将重塑智慧未来。

缩 略 语

缩略语	英文全称	中文名称
3GPP	3rd Generation Partnership Project	第三代合作伙伴计划
5GAA	5G Automotive Association	5G 车辆联盟
5GC	5G Core Network	5G 核心网
5QI	5G QoS Identifier	5G QoS 等级
AAU	Active Antenna Unit	有源天线处理单元
ACK	Acknowledgement	确认
ACP	Automatic Cell Planning	自动小区规划
AF	Application Function	应用功能
AI	Artificial Intelligence	人工智能
AMBR	Aggregated Maximum Bit Rate	聚合最大比特率
AMF	Access and Mobility Management Function	接入和移动性管理功能
AMPS	Advanced Mobile Phone System	先进移动电话系统
AOA	Angle of Arrival	到达角
API	Application Programming Interface	应用程序接口
App	Application	应用程序
AR	Augmented Reality	增强现实
ARP	Allocation and Retention Priority	分配与保持优先级
ARP	Address Resolution Protocol	地址解析协议
ASP	Accurate Site Planning	精准站址规划
AUSF	Authentication Server Services	鉴权服务器功能
BBU	Base Band Unit	基带单元
BF	Beam Forming	波束赋形
BLER	Block Error Ratio	误块率
BOSS	Business and Operation Support System	业务运营支撑系统
BRAS	Broadband Remote Access Server	宽带接入服务器

（续表）

缩略语	英文全称	中文名称
BSS	Business Support System	业务支撑系统
BTS	Base Transceiver Station	基站收发信机
BWP	Bandwidth Part	部分带宽
CA	Carrier Aggregation	载波聚合
CBD	Central Business District	商务中心区
CC	Component Carrier	载波单元
CCSA	China Communications Standards Association	中国通信标准化协会
CDMA	Code Division Multiple Access	码分多址
CDN	Content Delivery Network	内容分发网络
CG	Configured Grant	配置授权
CN	Core Network	核心网络
CoMP	Coordinated Multiple Points	协同多点传输
CP	Control Plane	控制面
CPE	Customer Premises Equipment	客户终端设备
CPU	Central Processing Unit	中央处理器
CQI	Channel Quality Indicator	信道质量指标
CQT	Call Quality Test	呼叫质量拨打测试
CSFB	Circuit Switched Fallback	电路交换回退
CSI	Channel State Indicator	信道状态指示
CSI-RS	Channel State Indicator Reference Signal	信道状态信息参考信号
CU	Centralized Unit	集中单元
CT	Communications Technology	通信技术
DAS	Distributed Antenna System	分布式天线系统
DC	Dual Connection	双连接
DAPS HO	Dual Active Protocol Stack Hand Over	双激活协议栈切换
DCI	Downlink Control Information	下行链路控制信息
DL	Downlink	下行链路
DHCP	Dynamic Host Configuration Protocol	动态主机配置协议
DN	Data Network	数据网络
DNN	Data Network Name	数据网络名称
DOA	Direction of Arrival	到达角
DICT	Data and Information and Communications Technology	数据、信息与通信技术
DRA	Diameter Route Agent	Diameter-消息路由代理

（续表）

缩略语	英文全称	中文名称
DTN	Digital Twin Network	数字孪生网络
DU	Distributed Unit	分布单元
DU	Digital Unit	数字单元
DMRS	Demodulation Reference Signal	解调参考信号
EDGE	Enhanced Data Rate for GSM Evolution	增强型数据速率 GSM 演进
EIRP	Effective Isotropic Radiated Power	等效全向辐射功率
eMBB	Enhanced Mobile Broadband	增强移动宽带
ENDC	EUTRA-NR Dual Connectivity	LTE 和 NR 双连接
EPC	Evolved Packet Core	演进的分组核心网
EPS	Evolved Packet System	演进的分组系统
EPF	Enhanced Proportional Fair	增强比例公平
ETSI	European Telecommunications Standards Institute	欧洲电信标准组织
EVM	Error Vector Magnitude	误差向量幅度
FCC	Federal Communications Commission	（美国）联邦通信委员会
FDD	Frequency Division Duplexing	频分双工
FDM	Frequency Division Multiplexing	时分复用
FDMA	Frequency Division Multiple Access	频分多址
RF	Radio Frequency	射频
FPGA	Field Programmable Gate Array	现场可编程门阵列
FR1	Frequency Range1	频率范围 1
FR2	Frequency Range2	频率范围 2
FTN	Faster Than Nyquist	超奈奎斯特
FWA	Fixed Wireless Access	固定无线接入系统
FMC	Fixed Mobile Convergence	固定移动融合
GBR	Guaranteed Bit Rate	保证比特率
GFBR	Guaranteed Flow Bit Rate	保证流比特率
GMLC	Gateway Mobile Location Center	网关移动位置中心
GNSS	Global Navigation Satellite System	全球导航卫星系统
GPRS	General Packet Radio Service	通用无线分组业务
GPU	Graphics Processing Unit	图形处理器
GSM	Global System for Mobile Communications	全球移动通信系统
GSMA	Global System for Mobile Communications Association	全球移动通信系统协会
HAPS	High Altitude Platform Station	高空平台系统

（续表）

缩略语	英文全称	中文名称
HARQ	Hybrid Auto Repeat Request	混合自动请求重发
HSPA	High-Speed Packet Access	高速分组接入
HSS	Home Subscriber Server	归属用户服务器
HTTP	Hyper Text Transfer Protocol	超文本传输协议
IAB	Integrated Access Backhaul	集成接入及回传
ICT	Information and Communications Technology	信息与通信技术
IMS	IP Multimedia Subsystem	IP 多媒体子系统
IMT	International Mobile Telecommunications	国际移动通信
IMT-Advanced	International Mobile Telecommunications-Advanced	先进国际移动通信
IOT	Internet of Things	物联网
IIOT	Industry Internet of Things	工业物联网
IP	Internet Protocol	互联网协议
IT	Information Technology	信息技术
ITU	International Telecommunications Union	国际电信联盟
KPI	Key Performance Indicator	关键性能指标
KQI	Key Quality Indicator	关键质量指标
LAA	Licensed Assisted Access	授权频谱辅助接入
LMF	Location Management Function	定位管理功能
LTE	Long Term Evolution	长期演进
MAC	Media Access Control	媒体访问控制
MANO	Management and Orchestration	管理与编排
MCS	Modulation and Coding Scheme	调制与编码策略
MCG	Master Cell Group	主小区组
MDT	Minimization of Drive Tests	最小化路测
ME	Mobile Edge Computing	移动边缘计算
MEP	MEC Platform	移动边缘计算平台
MFBR	Maximum Flow Bit Rate	最大流比特率
MIMO	Multiple Input Multiple Output	多入多出
ML	Machine Learning	机器学习
MM	Mobility Management	移动性管理
MME	Mobility Management Entity	移动性管理实体
mMTC	Massive Machine Type Communication	海量机器类通信
MOU	Minutes Of Usage	每用户每月平均通话时间

（续表）

缩略语	英文全称	中文名称
MR	Measurement Report	测量报告
MR-DC	Multi-RAT Dual Connectivity	多制式双连接
MUSIM	Multiple Universal Subscriber Identity Module	多个通用用户标识模块
Multi-TRP	Multiple Transmit Receiver Point	多发送接收点
NACK	Non-Acknowledgement	否定确认
NAS	Non-Access-Stratum	非接入层
NB-IOT	Narrow Band Internet of Things	窄带物联网
NEF	Network Exposure Function	网络开放功能
NF	Network Function	网络功能
NFV	Network Function Virtualization	网络功能虚拟化
NFVI	NFV infrastructure	网络功能虚拟化基础设施
NFVO	NFV Orchestrator	NFV 编辑器
NGFI	Next Generation Fronthaul Interface	下一代前传网络接口
NOMA	Non-Orthogonal Multiple Access	非正交多址
NPN	Non-Public Network	非公共网络
NR	New Radio	新空口
NRF	Network Repository Function	网络存储库功能
NR-U	NR Unlicensed	基于 NR 的非授权频段接入
NSA	None Stand Alone	非独立组网
NSI	Network Slice Instance	网络切片实例
NSMF	Network Slice Management Function	网络切片管理
NSSF	Network Slice Selection Function	网络切片选择功能
NTN	Non-Terrestrial Network	非地面网络
NWDAF	Network Data Analytics Function	网络数据分析功能
OAM	Orbital Angular Momentum	轨道角动量
OFDM	Orthogonal Frequency Division Multiplexing	正交频分复用
OFDMA	Orthogonal Frequency Division Multiplexing Access	正交频分复用接入
OMC	Operation and Maintenance Center	操作维护中心
OSS	Operation Support System	运营支撑系统
OT	Operation Technology	操作技术
OTA	Over The Air	空中激活
OTT	Over The Top	过顶传球
Pcell	Primary Cell	主服务小区

（续表）

缩略语	英文全称	中文名称
PCF	Policy Control Function	策略控制功能
PCG	Project Cooperation Group	项目合作组
PDCCH	Physical Downlink Control Channel	物理下行控制信道
PDCP	Packet Data Convergence Protocol	分组数据汇聚协议
PDR	Packet Detection Rule	分组检测规则
PDSCH	Physical Downlink Share Channel	物理下行共享信道
PDU	Packet Data Unit	分组数据单元
PGW	PDN GateWay	PDN 网关
PHY	Physical	物理层
PLMN	Public Land Mobile Network	公共陆地移动网
PMI	Precoding Matrix Indicator	预编码矩阵指示
PNI-NPN	Public Network Integrated NPN	公共网络集成 NPN
POI	Point of Interface	多系统合路平台
PRACH	Physical Random Access Channel	物理随机接入信道
PRB	Physical Resource Block	物理资源块
PUCCH	Physical Uplink Control Channel	物理上行控制信道
PUSCH	Physical Uplink Shared Channel	物理上行共享信道
QAM	Quadrature Amplitude Modulation	正交幅度调制
QCI	QoS Class Identifier	QoS 等级标识
QFI	QoS Flow Identifier	QoS 流标识
QoE	Quality of Experience	体验质量
QoS	Quality of Service	服务质量
QPSK	Quadrature Phase Shift Keying	正交相移键控
RAN	Radio Access Network	无线接入网
RAT	Radio Access Technology	无线接入技术
RedCap	Reduced Capability	降低能力
RFID	Radio Frequency Identification	射频识别技术
RIS	Reconfigurable Intelligent Surface	智能超表面
RLC	Radio Link Control	无线链路控制
ROHC	Robust Header Compression	稳健性报头压缩
RRC	Radio Resource Control	无线资源控制
RRM	Radio Resource Management	无线资源管理
RRU	Remote Radio Unit	射频拉远单元

（续表）

缩略语	英文全称	中文名称
RSRP	Reference Signal Receiving Power	参考信号接收功率
RU	Radio Unit	射频单元
SA	Stand Alone	独立组网
SBA	Service Based Architecture	基于服务的架构
SBI	Serve Based Interface	基于业务的接口
Scell	Secondary Cell	辅小区
SCG	Secondary Cell Group	辅小区组
SCS	Sub-Carrier Spacing	子载波间隔
SDAP	Service Data Adaptation Protocol	服务数据适配协议
SDM	Space Division Multiplexing	空分复用
SDN	Software Defined Network	软件定义网络
SGW	Serving Gate Way	服务网关
SISO	Single Input Single Output	单入单出
SINR	Signal to Interference plus Noise Ratio	信号干扰噪声比
SLA	Service Level Agreement	服务等级协定
SM	Session Management	会话管理
SMF	Session Management Function	会话管理功能
SON	Self-Organizing Network	自组织网络
SPM	Standard Propagation Model	标准传播模型
SPS	Semi Persistent Scheduling	半静态调度
SR	Scheduling Request	调度请求
SRS	Sounding Reference Signal	探测参考信号
SRVCC	Single Radio Voice Call Continuity	单无线语音业务连续性方案
SSB	Synchronization Signal and PBCH Block	同步信号和 PBCH 块
SSC	Session and Service Continuity	会话及业务连续性
SUL	Supplementary Uplink	补充上行链路技术
TA	Timing Advance	时间提前量
TCP	Transmission Control Protocol	传输控制协议
TDD	Time Division Duplexing	时分双工
TDM	Time Division Multiplexing	时分复用
TDMA	Time Division Multiple Access	时分多址
TN	Terrestrial Network	地面网络
TRP	Total Radiated Power	总辐射功率

（续表）

缩略语	英文全称	中文名称
TRP	Transmit and Receive Point	发送和接收点
TSN	Time Sensitive Network	时间敏感网络
TTI	Transmission Time Interval	传输时间间隔
TTT	Time to Trigger	触发时间
UAV	Unmanned Aerial Vehicle	无人驾驶飞行器
UDM	Unified Data Management	统一数据管理
UE	User Equipment	用户设备
UL	Uplink	上行链路
Uma	Urban macro area	城市宏站区域
UP	User Plane	用户面
UPF	User Plane Function	用户面管理功能
uRLLC	Ultra Reliable Low Latency Communications	超可靠低时延通信
UWB	Ultra Wide Band	超宽带
V2X	Vehicle to Everything	车联网
VIM	Virtual Infrastructure Management	虚拟架构管理
VLAN	Virtual Local Area Network	虚拟局域网
VM	Virtual Machine	虚拟机
VNF	Virtual Network Function	虚拟化网络功能
VNFM	VNF Manager	VNF 管理器
VoLTE	Voice over Long Term Evolution	长期演进语音承载
VoNR	Voice over New Radio	新空口语音承载
VR	Virtual Reality	虚拟现实技术
WCCL	Weight Centroid Calibration Location	加权质心校正定位
WLAN	Wireless Local Area Network	无线局域网
WiFi	Wireless Fidelity	无线保真
WRC	World Radiocommunications Conference	世界无线电通信大会

参 考 文 献

[1] 黄劲安, 黄哲君, 蔡子华, 等. 迈向 5G 从关键技术到网络部署[M]. 北京:人民邮电出版社,2018.

[2] IMT-2020（5G）推进组. 5G 概念白皮书[R]. 2015.

[3] IMT-2020（5G）推进组. 5G 网络技术架构白皮书[R]. 2016.

[4] 大唐无线移动创新中心. 演进、融合与创新 5G 白皮书[R]. 2013.

[5] 中兴通讯股份有限公司. 5G-驱动现实和数字世界融合白皮书[R]. 2016.

[6] 杨旭, 肖子玉, 梁冰, 等. 5G 核心网部署及演进方案[J],电信科学,2020,36(9):131-140.

[7] 李军. 5G NSA 和 SA 组网方案的评估与分析[J]. 电信快报,2020,(6): 8-12, 20.

[8] 中国移动通信集团有限公司. 面向 5G 的 C-RAN 架构演进[R]. 2018.

[9] 杨峰义, 张建敏, 谢伟良, 等. 5G 蜂窝网络架构分析[J]. 电信科学,2015,31(5): 46-56.

[10] 田开波, 方敏, 杨振, 等. 从 5G 向 6G 演进的三维连接[J]. 移动通信,2020,44(6): 96-103.

[11] 中国电信集团有限公司. 5G SA 部署指南[R].2020.

[12] 李青. 5G 组网方案研究[J]. 电信科学,2020,36(5):125-137.

[13] 沈霞, 刘慧. 5G 随机接入增强技术[J]. 移动通信,2020,44(4):7-11.

[14] 肖婧婷, 张国庭, 杨明. 5G 增强上行覆盖技术研究[J]. 广播与电视技术, 2020,47(8):87-93.

[15] 刘毅, 张阳, 郭宝. 5G 双连接技术应用[J]. 邮电设计技术, 2019(11):60-64.

[16] 中国移动通信集团有限公司网络事业部. 700MHz 多频协同组网优化指导意见[R]. 2021.

[17] 卢斌, 陈兵. 5G 非授权频谱技术与应用建议[J]. 移动通信, 2020,44(8):49-55.

[18] 杨翠. 4G/5G 频率共享 DSS 功能原理及应用研究[J]. 电信工程技术与标准化, 2021,34(4):22-26.

[19] 中兴通讯股份有限公司. 5G Massive MIMO 网络应用白皮书[R]. 2020.

[20] 阳析, 金石. 大规模 MIMO 系统传输关键技术研究进展[J]. 电信科学, 2015,31(5):22-29.

[21] 李路鹏. 5G 移动性增强技术分析[J]. 移动通信, 2020,44(7):55-59.

[22] 李军. 移动通信室内分布系统规划、优化与实践[M]. 北京:机械工业出版社,2014.

[23] 陈鹏. 5G 移动通信网络：从标准到实践[M]. 北京:机械工业出版社,2020.

[24] 王映民, 孙韶辉. 5G 移动通信系统设计与标准详解[M].北京:人民邮电出版社,2020.

[25] 杨昉, 刘思聪, 高镇. 5G 移动通信空口新技术[M]. 北京:电子工业出版社, 2014.

[26] 马晓强. 室内分布系统工程[M]. 北京:北京邮电大学出版社,2019.

[27] 王欢军, 何明. 5G 数字化室分系统在室内无线网络中的应用[J]. 电信快报, 2019(11):44-46.

[28] 王海涛. 数字化室分系统应用研究及未来 5G 室内覆盖展望[J]. 电信工程技术与标准化，2019(2): 64-69.

[29] 郑惠宁, 查昊. 5G 室内分布系统建设策略探讨[J]. 电信快报, 2020(3): 28-30.

[30] 中国移动通信集团有限公司. 算力网络白皮书[R]. 2021.

[31] 闫志宇, 李明豫. 5G-Advanced 发展趋势分析［J］. 邮电设计技术, 2022(8): 12-16.

[32] 黄海峰. 华为中国孙小兵：以方寸智慧把 5G 带入千楼万宇和千行百业[J]. 通信世界, 2020(3): 26-27.

[33] 黄海峰. 彭红华详谈华为 5G 小基站：5G 室内覆盖数字化从现在开始[J]. 通信世界, 2018(3): 26-27.

[34] 中兴通讯股份有限公司.5G 室内覆盖白皮书[R]. 2020.

[35] 方琰崴, 李立平, 陈亚权. 5G 2B 专网解决方案和关键技术[J]. 移动通信,

2020,44(8):01-06.

［36］黄韬, 李鹏翔. URLLC 关键技术和网络适应性分析[J]. 移动通信, 2020,44(2): 24-29.

［37］王海梅. 面向边缘计算的 5G 增强技术探讨[J]. 移动通信,2020,44(4):72-77.

［38］王梦晓, 方琰崴. 5G ToB 行业专网建设方案和关键技术[J]. 移动通信, 2021,45(2): 48-52.

［39］李富强, 周华, 宋晓伟. 行业用户 5G 无线专网组网方案及其技术实现[J]. 电信科学, 2020,36(10):134-139.

［40］曹亚平, 方宇, 王飞飞. 5G QoS 优先级调度策略在 5G 2B 业务中的应用[J]. 移动通信, 2020,44(7):29-35.

［41］夏旭, 梅承力. 面向智能化切片的服务化等级保障技术增强和研究[J]. 移动通信, 2021,45(1):06-10.

［42］中国移动通信集团有限公司. 区块链+边缘计算技术白皮书[R]. 2020.

［43］俞一帆, 任春明, 阮磊峰, 等. 5G 移动边缘计算[M]. 北京: 人民邮电出版社, 2020.

［44］王胡成. 5G 网络技术研究现状和发展趋势[J].电信科学,2015,31(9):149-155.

［45］华为技术有限公司. 5G 无线网络规划解决方案白皮书[R]. 2020.

［46］李军. 5G 无线网络智能规划与仿真[J]. 电信科学,2020,36(10):109-119.

［47］孟繁丽, 薛伟, 汪况伦. 5G 无线网络智能化规划体系及实现[J]. 移动通信, 2019,43(6):52-59.

［48］小火车, 好多鱼. 大话 5G[M]. 北京:电子工业出版社,2016.

［49］埃里克·达尔曼, 斯特凡·巴克浮, 约翰·舍尔德. 5G NR 标准:下一代无线通信技术[M].朱怀松, 王剑, 刘阳, 译. 北京:机械工业出版社, 2019.

［50］岳胜, 于佳, 苏蕾.5G 无线网络规划与设计[M]. 北京:人民邮电出版社, 2019.

［51］简祯富, 许嘉裕. 大数据分析与数据挖掘[M]. 北京:清华大学出版社, 2016.

［52］李军. LTE 无线网络覆盖优化与增强实践指南[M]. 北京:机械工业出版社, 2017.

［53］中国移动通信集团有限公司. 2020 年 5G 无线网建设指导意见[R]. 2020.

［54］邹广玲, 潘彩华.5G 场景化网规方案探讨[J]. 中兴通讯技术, 2020, 26(2):5.

[55] 王旭东. 大数据分析在移动通信网络优化中的应用[J]. 通讯世界, 2019,26(2): 37-38.

[56] 中国联合网络通信集团有限公司. 5G 毫米波技术白皮书 v2.0[R]. 2020.

[57] 中兴通讯股份有限公司. 5G 毫米波（mmWave）技术白皮书[R]. 2020.

[58] GSMA. 毫米波 5G 技术白皮书[R]. 2020.

[59] 王磊, 于倩. 5G 毫米波终端关键技术分析[J]. 移动通信, 2021,45(3):05-09.

[60] IMT-2020(5G)推进组试验工作组. 5G 增强技术研发试验工作进展[R]. 2020.

[61] 杨立, 谢峰, 高波. B5G 毫米波通信无线接入网络的架构设计[J]. 移动通信, 2020，44(8): 21-27.

[62] 中国移动通信集团有限公司. 5G 无线技术演进白皮书[R]. 2021.

[63] 工业和信息化部 IMT-2030(6G)推进组. 6G 总体愿景与潜在关键技术白皮书[R]. 2021.

[64] 中国移动通信集团有限公司."十四五"网络演进技术白皮书[R]. 2021.

[65] 中国移动通信集团有限公司. 5G-Advanced 网络技术演进白皮书（2021）-面向万物智联新时代[R]. 2021.

[66] 林奕琳, 陈思柏, 单雨威, 等. 6G 网络潜在关键技术研究综述[J]. 移动通信, 2021,45(4):120-127.

[67] 邢燕霞, 李鹏宇, 聂衡. 新兴技术对 6G 网络架构的潜在影响[J]. 移动通信, 2021,45(4):58-62.